信息中心网络关键理论与技术

张明川　著

科学出版社

北京

内 容 简 介

本书在归纳分析国内外信息中心网络相关科研成果的基础上,研究信息中心网络的名字查找、缓存、路由及拥塞控制等问题,主要内容包括:名字快速查找方法,提出基于名字拆分的查找策略,旨在提高名字查找效率;网络内容缓存策略,提出基于请求内容关联性的预缓存策略、路由器缓存准入策略、基于节点利用比的缓存策略、基于内容分块流行度和收益的缓存策略,旨在提高缓存利用率;自适应路由转发策略,提出基于增强学习的自适应路由转发策略、支持资源适配的可重构路由策略,旨在提高路由转发效率和网络可靠性;自适应拥塞控制策略,提出基于深度学习的拥塞控制算法,旨在避免和缓解网络拥塞。

本书可以作为计算机科学与技术、信息与通信工程专业的研究生专业课教材,也可作为计算机网络、通信网络等研究领域科技人员的参考书。

图书在版编目(CIP)数据

信息中心网络关键理论与技术 / 张明川著.—北京:科学出版社,2019.11
ISBN 978-7-03-062965-4

Ⅰ.①信… Ⅱ.①张… Ⅲ.①计算机网络-研究 Ⅳ.①TP393

中国版本图书馆 CIP 数据核字(2019)第 245974 号

责任编辑:孙伯元 / 责任校对:郭瑞芝
责任印制:吴兆东 / 封面设计:蓝正设计

科学出版社 出版
北京东黄城根北街 16 号
邮政编码:100717
http://www.sciencep.com

北京中石油彩色印刷有限责任公司 印刷
科学出版社发行 各地新华书店经销
*
2019 年 11 月第 一 版 开本:720×1000 B5
2020 年 5 月第二次印刷 印张:10 3/4
字数:202 000
定价:95.00 元
(如有印装质量问题,我社负责调换)

前　言

随着互联网用户数目、规模及网络流量等的不断增加,当前互联网在安全性、移动性、可扩展性及能耗方面逐渐暴露出一些难以解决的问题,严重阻碍了互联网的进一步发展与应用。信息中心网络(information-centric networking, ICN)是近年来出现的未来互联网体系之一,有望解决现有互联网存在的问题。本书对 ICN 的关键技术进行了探索,具有重要的理论与实践意义。

(1)ICN 是未来互联网的一个重要研究方向。

随着网络中新型应用模式的不断涌现,互联网在数据安全、访问效率等方面已暴露出诸多问题,需要不断升级安全防护程序、网络带宽及主机配置等资源以满足广大用户的应用需求。因此,近年来新型网络体系的研究受到世界各国的广泛关注。ICN 是新型网络体系的一个重要方向,对解决现有网络问题具有重大的指导意义。

(2)ICN 符合未来互联网的发展需求。

未来互联网发展的主要目标是实现对信息灵活、动态、智慧、高效的访问。ICN 研究的目的是形成一套智慧的机理、机制与技术,从根本上支持网络的智慧化,对未来互联网发展具有重要的借鉴意义。

本书基于当前新型网络体系的研究,结合智慧标识网络(smart identifier network, SINET),取得了以下成果。

(1)提出名字快速查找方法。

本书提出一种基于名字拆分的查找方法,将数据名拆分成 Basis 和 Suffix 两级,将 Basis 划分成单个组件,每个组件对应一个计数布隆过滤器存储,降低名字查找的假阳性问题。

(2)提出网络内容缓存策略。

本书提出四种 ICN 缓存策略。一是基于请求内容关联性的预缓存策略,根据用户请求内容的关联性进行预缓存,并根据内容的流行度提前将内容推送到网络边缘,提高请求的响应效率。二是路由器缓存准入策略,旨在降低用户数据获取时延、服务器负载及网络流量,提升服务内容适配效益。三是基于节点利用比的缓存策略,结合节点的重要程度和内容流行度,对缓存内容进行排序,提高内容请求缓存的命中率。四是基于分块流行度和收益的缓存策略,先将内容的流行度细化至内容块(chunk)级别,再基于节点缓存的综合收益寻找最佳放置节点,最后基于内容分块价值比较进行缓存替换,以较小的额外负载换取缓存性能的大幅提升。

（3）提出自适应路由转发策略。

本书提出两种路由转发策略。一是基于增强学习的自适应路由转发策略，将每个路由节点看成一个 agent，主动规避拥塞链路，并将转发兴趣包的过程看成一个多阶段决策过程，使网络中的路由节点在进行转发时都需要做出最优的决策，从而提高转发过程的效率。二是支持资源适配的可重构路由策略，根据 SINET 的路由跳数、可用带宽和待处理任务数等，实现转发网络族群内路由组件间的智慧协调、动态重构和优化决策。

（4）提出自适应拥塞控制策略。

本书提出基于深度学习的两阶段拥塞控制策略，在自适应训练阶段通过训练多个深度信念网络学习低维特征，据此预测后期的时序数据；在拥塞避免阶段利用显式反馈将拥塞信号发送给接收端，据此调整兴趣包的发送速率，有效缓解网络拥塞的发生。

本书对 ICN 基础理论与关键技术进行探索，形成一套目前比较全面的 ICN 理论技术体系，对 ICN 的研究与发展具有一定的借鉴意义。本书得到国家自然科学基金（U1604155，61871430，U1404611）的资助，由河南科技大学的张明川副教授撰写完成。本书在撰写过程中得到了河南科技大学吴庆涛教授、郑瑞娟教授、朱军龙博士，以及河南科技大学云计算信息安全实验室的刘婷婷、闫金荣等研究生的支持与帮助，在这里一并表示感谢。

由于作者水平有限，书中难免存在不足之处，恳请广大读者批评指正。

目　　录

第1章 绪 论

1.1 ICN产生背景

以传输控制协议/网间协议(transmission control protocol/Internet protocol, TCP/IP)为核心的互联网经过约 50 年的发展,已被广泛应用于政治、经济、文化、社会等各个领域。互联网实现了不同地理位置主机之间的资源共享,降低了网络的成本。然而,随着信息技术发展,网络应用的信息主体逐渐从文本转变成图像、视频等。根据思科可视化网络指数预测,全球网络信息总流量从 2016 年到 2021 年将增长三倍,且视频产生的流量呈逐年上升趋势[1]。为了获取信息内容,TCP/IP 网络将信息内容与设备地址进行映射。但是上层应用的变化,造成网络与上层应用不适应。为了改善这种不适应性,内容分发网络(content delivery network, CDN)[2-4]、对等(peer-to-peer, P2P)网络[5-7]等技术应运而生。这些技术的出现表明信息获取方式开始从以主机为中心向以内容为中心转变。但是,CDN、P2P 网络等技术依然需要进行"内容"到"位置"的映射,这使 TCP/IP 网络无法彻底克服自身缺陷。

由此,ICN[8-11]应运而生。与互联网相比,ICN 不关心内容存储在哪里,只关心内容本身。为了增强用户体验,ICN 将缓存融入网络架构中。设备缓存空间的引入,加快了内容的分发速度,提高了网络的整体性能[12,13]。

1.2 ICN 的基本思想

作为未来网络的典型代表,ICN 仍处在研究阶段,不同学者提出了不同的研究方案。由于各个 ICN 方案使用不同的术语,有不同的侧重点,因此难以使用统一的网络框架描述 ICN。

在 ICN 中,内容源服务器(content source server,CSS)包含网络中的所有内容。与现有网络不同,ICN 节点具有缓存能力。当订阅者首次发起内容请求时,由于网络中各节点没有缓存用户发起的内容,该请求将路由至内容源服务器获取所需内容。当接收到返回的请求内容时,节点依据缓存策略执行内容缓存决定。此后,当该节点再次收到相同的请求时,节点直接从其内容存储器中获取内容返回给订阅者,而不必再次转发请求到内容源服务器,如图 1-1 所示。

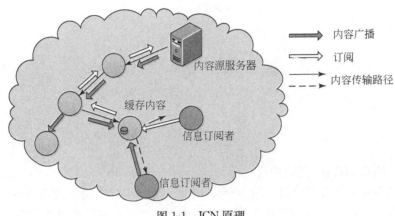

图 1-1　ICN 原理

　　ICN 实现了内容与位置的分离,主要包括内容命名、名字解析与数据路由、缓存等部分。下面简单介绍 ICN 的基本思想。

　　(1)内容命名。ICN 通过名字标识信息内容,以识别内容取代识别终端,实现了将内容与位置的解耦,使得网络内容分发更加灵活。另外,ICN 可提供多种内容命名方法,如层次命名、平面命名和属性命名等。

　　(2)名字解析与数据路由。名字解析是将内容名字和内容源匹配起来。数据路由是指从内容源服务器到请求主机之间建立的内容请求转发路径。名字解析和数据路由既具有耦合关系又具有解耦关系。对于耦合关系,内容请求路由至内容源服务器后,请求数据将会沿着相反地路径进行转发。在解耦关系中,名字解析不会限制内容的转发路径。

　　(3)缓存。ICN 通过存储开销换取数据传输效率。随着硬件技术的不断发展,以 CDN 等技术为代表的新型网络架构表明,这种以空间资源换取时间效率的策略在经济与应用方面都是可行的。根据内容存储的位置,ICN 缓存策略分为路径存储和非路径存储。

　　(4)安全性。在 ICN 中,内容安全与其所属的命名具有密切关系。人为可读的内容命名需要名字解析系统之间建立一种可信关系。通过这种可信关系核实返回信息与请求内容名字的一致性。人为不可读的命名方式支持自我验证,但需要可信系统实现名字与人为可读名字之间的映射关系。

　　(5)移动性。随着信息技术的发展,网络终端形态发生了巨大的变化。比较突出的是移动终端显著增加,网络不仅要向固定终端提供数据交换服务,而且须向移动终端提供服务。然而,移动终端的数据传输路径频繁变化造成网络应用服务在变化的路径中不能保持连续。为了解决上述问题,ICN 在设计之初就支持网络移动性,其命名解析系统和路由表将会随着内容的移动而更新。

1.3　ICN 的优势

随着信息技术的发展,信息越来越重要,用户关心的是信息本身,而信息位置逐渐淡化。ICN 采用以信息为中心的通信模式,能够更好地满足人们的需要,而网际协议(internet protocol,IP)"细腰"协议栈越来越不适应未来互联网的需求。为此,研究者设计了以信息为中心的协议栈。信息名字作为唯一传输标识使得 IP 原有的意义发生了变化,IP 地址在某些情况下只能被用作底层的传输标识。尽管 ICN 的体系结构也存在"细腰",但其与 IP 网络的"细腰"结构有本质区别。例如,ICN 的"细腰"能够实现网络层对信息名字的解析、缓存信息等功能。相比于传统的网络,ICN 的优势体现在以下方面。

(1)高效传输。ICN 中,信息的检索和路由都是基于信息名字的,这使得信息与位置分离。由于网络节点配有内置缓存,能够缓存经过的内容信息,因此用户能够就近获取所需要的内容,提高网络的传输效率。

(2)移动性和多宿主支持。ICN 以信息为中心,信息被单独命名,信息的名字与位置分离。请求数据包经过路由器时,路由器取出包中的信息名字,依据信息名字进行转发,同时记录请求包的转发路径。当用户请求与某节点内容匹配时,数据包会沿着请求包的转发路径回传给用户。若用户的位置发生变化,用户会产生新的请求数据包,所以路由器无须记录用户的位置信息。基于这种思路,ICN 在移动性和多宿主方面具有更好的支持。

(3)高安全性。传统的 IP 网络建立在信道安全的基础上,其安全机制很容易受到攻击。ICN 则从信息出发,直接将安全措施建立在信息上,对信息本身进行签名和加密,安全性更高。

1.4　ICN 架构

ICN 从根本上改变了数据包的封装结构和寻址方式,将内容的存储位置转移到了内容本身,网络中传输的内容都具有名字标识。因此,网络需要对内容进行管理,从而保证内容的正确性、完整性和安全性。ICN 的体系结构如图 1-2 所示,可以看出,ICN 与传统网络的结构有很多的共同点。例如,都采用了沙漏模型[14],允许不同底层网络的接入,上层不同协议对应不同应用等。传统主机到主机的通信模式主要通过数据包的源地址和目的地址寻找通信路径。ICN 通过对信息名字的检索实现主机到信息的通信。这样的通信模型解决了传统网络在安全性、可靠性和移动性上的缺陷,有效缓存经过路由的数据包,降低了网络的负载。

ICN 的基本架构主要包括六个核心要素,即一个内容名(content name)、两种

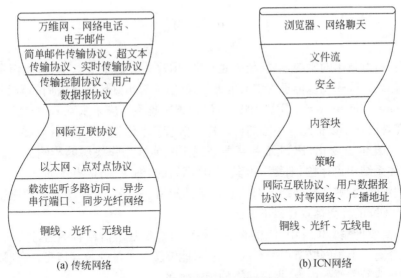

图 1-2　ICN 与传统网络的结构对比

类型的包［兴趣包（interest package）、数据包（data package）］、三张不同的驱动表[11]。内容名是对数据包的一种标识,包是通过内容名进行检索和传输内容实体,三张表主要用于映射内容名和各种实体及接口之间的关系。

1. ICN 的内容名

ICN 中的内容是通过名字进行寻址和传播的,每个内容都有一个对应的标识。把 ICN 的转发信息库（forwarding information base,FIB）、内容存储器（content store,CS）和待定请求表（pending interest table,PIT）三个表项进行结合,每接收到一个数据包都会进行一次查询,以确定下一步操作。ICN 可采用统一资源定位符（uniform resource locator,URL）的形式对信息进行命名,名字被分隔符分开的字符串组成,因此可以用名字组件字符树（name component tree,NCT）进行表示[15]。

一般情况下,内容名由一些可变组件依据特定的命名规则组成。例如,在图 1-3 中对"/cn/haust/lib/cnki/2016/A. pdf"进行查询。首先从根节点开始,如果第一个元素"cn",在 NCT 的一级边集合中查找到与其相匹配的元素,将查询的状态转移到二级边元素集合中。第二个元素"haust"在 NCT 的二级边集合中查找到与其相匹配元素,与此同时再返回一条相对应 FIB 条目的索引。第六个元素"A. pdf"在六级边集合中没有任何条目能够进行匹配,在 NCT 中增加新的节点,PIT 中添加与之相对应的新条目。但是,如果第六个元素是"B. pdf",名字前缀信息在 NCT 中被完全匹配,在 CS 表中也能找到相对应的条目。

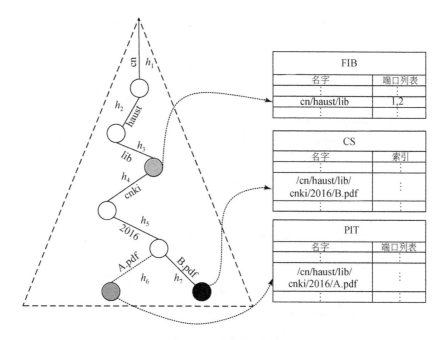

图 1-3　ICN 名字元素树

2. ICN 的数据包

ICN 主要有兴趣包与数据包两种包,包类型如图 1-4 所示。用户向所有可用端口广播自己需要的内容,该内容中包含请求的兴趣包。当中间节点收到请求时,先查找 CS 中是否存在满足这条请求信息所对应的条目,如果存在就返回相应的数据包。其中,兴趣包是用户发出请求时,向网络广播携带内容名的包。数据包是网络节点收到兴趣包时,会进行匹配查找,如果请求的信息与数据包完全匹配,就将这条数据包逆向返回到发送端。

3. ICN 的驱动表

ICN 进行通信时,主机地址并没有包含在兴趣包和数据包中。为了请求所需的内容,在用户发送兴趣包时,主要由三张表控制路由节点的转发,分别是 CS、PIT、FIB。这三张表保持了端口、内容名及内容实体之间的映射关系,处理过程如图 1-5 所示。

CS 作用是保存节点的内容缓存,尽可能缓存后续有用的数据包,类似于 TCP/IP 网络的路由器。但是,它采用的缓存替换策略不同于 TCP/IP 网络的路由器。它的优势是将所需内容分布在网络中,减少内容传输的时延,缓解网络拥塞。

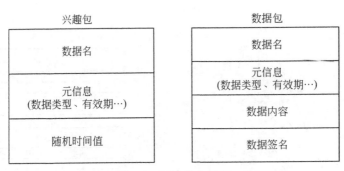

图 1-4　ICN 的包类型

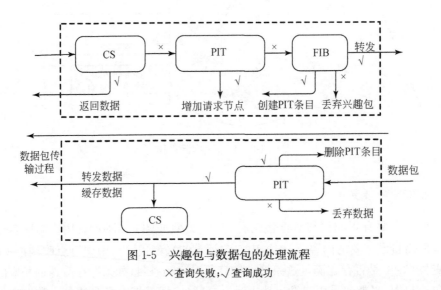

图 1-5　兴趣包与数据包的处理流程
×查询失败；√查询成功

PIT 表示 ICN 的状态转发,记录经过当前节点,但尚未得到响应请求报文的内容名,通过这种方式使请求的内容能够顺利地返回到请求节点。当用户请求数据时,只有兴趣包才能被路由,数据包则是在被匹配成功后再依据 PIT 中的信息逐步地逆向返还给请求者。为了防止表项被长时间占用,PIT 条目中被响应的数据包会直接删除,并设置一个定时器,如果超时也直接删除。

FIB 类似于 TCP/IP 网络中的路由处理机制,记录着兴趣包的内容名和它所对应的下一条转发端口,负责将请求报文传输到内容请求方。它与 TCP/IP 网络的区别在于,当发现名字前缀与多个端口都匹配时,FIB 可以向多个方向转发请求,而 TCP/IP 网络只能向一个方向传输。

1.5 ICN 工作机制

ICN 的通信模式是由接收端进行驱动的,对层次化命名的数据内容块进行路由。当用户向网络发送一个兴趣包时,该兴趣包包含了请求内容的内容名,依据该内容名在网络节点的 FIB 中查找所需的信息,如果找到所需信息,就将其按原路逆向返回给请求者。ICN 转发引擎如图 1-6 所示。

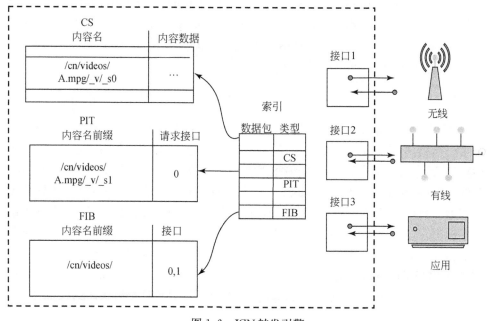

图 1-6 ICN 转发引擎

当路由节点收到一个兴趣包时,路由节点先对 CS 进行查找,如果 CS 中存在请求者需要的信息,就将这条信息直接返回给接收端,并删除兴趣包。反之,如果不存在这条信息,就到 PIT 中查找,当找到所需要的信息时,表明兴趣包已经被发送出去但是还未接收到响应的信息,则在 PIT 中增加一个收到信息包的接口,并删除兴趣包。如果 CS、PIT 中都没有这条数据,则在 FIB 中进行查找,按照匹配的接口进行转发,并在 PIT 中建立相关的转发记录;如果在 FIB 中没有匹配成功,则删除兴趣包。当找到兴趣包所需求的信息后,数据包会逆向返回至发送端。当路由节点收到数据包时,首先更新 PIT,并添加与这条数据包相匹配的所有 PIT 条目的接口。如果在 PIT 中没有找到与这条数据包相匹配的信息,路由节点就会主动丢弃这条数据包,同时在 CS 中缓存这条数据。

1.6　典型的未来网络

近年来,未来网络体系架构的研究与设计受到学术界和工业界前所未有的重视,大量新型网络体系架构应运而生,旨在从本质上解决现有互联网的诸多弊端。这些未来网络中,比较典型的有面向数据的网络架构(data-oriented network architecture,DONA)[16]、命名数据网络(named data networking,NDN)[17,18]、发布订阅网络路由模式(publish-subscribe Internet routing paradigm,PSIRP)[19]、身份位置分离网络(locator/identifier split networking,LISN)[20]、软件定义网络(software-defined networking,SDN)[21]、网络功能虚拟化(network functions virtualization,NFV)[22]、SINET[23-28]等。

1.6.1　DONA

DONA 采用扁平化命名机制进行内容命名。每个内容使用一组"公钥-私钥"对唯一标识,格式为 $P:L$,其中 P 表示内容发布者公钥的哈希值,L 表示内容的属性标签,其命名不随内容移动而改变,增加了信息的可用性。作为 DONA 的核心部件,解析处理器(resolution handler,RH)不仅具有解析和路由的功能,还具有缓存能力。当存在内容或者内容失效时,服务器端将向 RH 发送请求以注册或注销内容信息。当用户请求的内容被缓存该内容的 RH 接收后,对应的数据将会沿着请求路径相反的方向返还给用户。否则,该 RH 直接向上游节点转发请求。DONA 提高了网络内容的安全性,然而,内容安全性提高所带来的开销仍需要进一步检验。并且,DONA 无法对私有内容进行验证。DONA 的整体结构如图 1-7 所示。

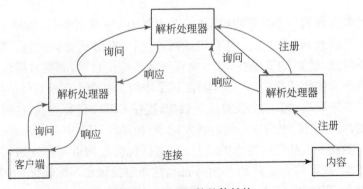

图 1-7　DONA 的整体结构

1.6.2　NDN

　　NDN 是由美国自然科学基金资助的未来网络架构计划,是内容中心网络 (content centric network,CCN)的进一步扩展。NDN 主要包括两种类型的包:兴趣包和数据包。当用户请求内容时,该请求所形成的数据包,称为兴趣包。用于应答用户请求的包则称为数据包。NDN 采用层次化的命名方式。该方式类似于 URL 格式,分为三部分:全网标识、内容类型及内容名字。这种命名机制层次清晰,便于识别。节点利用 CS、PIT 及 FIB 实现存储、转发及路由三种功能。其中, CS 主要用于本地内容的查找。当节点不存在请求内容时,会把已经转发但未得到满足的请求记录在 PIT 中,以保证事先所请求的内容顺利传回请求节点。FIB 主要用于转发在本节点得不到满足的兴趣包,包含名字前缀和转发端口两部分内容。而一个名字前缀可以对应多个转发端口。图 1-8 给出了 NDN 的架构概况。

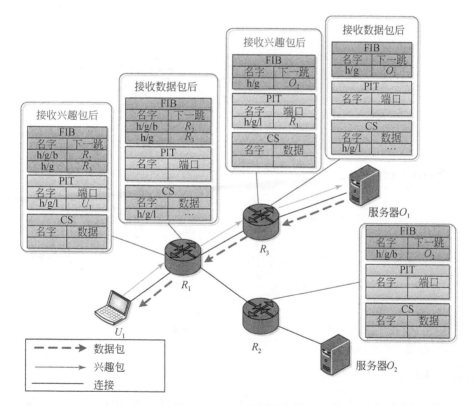

图 1-8　NDN 的架构概况

1.6.3　PSIRP

　　PSIRP 采用扁平化命名机制对内容进行命名。作为网络的核心,汇聚系统由一组互联物理设备构成。该架构分为内容控制和数据转发两个层面。通过控制层与转发层的分离,PSIRP 实现了解耦的目的。整个网络由主机(source)、路由(router)与汇聚(rendezvous)三种节点构成。借助发布与订阅操作,主机实现了内容的获取与发布。其中,域标识(scope identifier,SID)与汇聚标识(rendezvous identifier,RID)通过指明网络汇聚节点及其有效范围实现了信息的发布;而通过向汇聚节点发送订阅信息,主机可以获取内容。根据订阅信息是否与请求相匹配,汇聚节点生成内容的转发路径,并将内容转发给请求节点。请求节点按照汇聚节点已生成的路径进行转发,在找到内容后返回。通过上述工作机制,PSIRP 可降低网络拥塞情况,然而,该机制也造成了较大的存储开销。图 1-9 给出了 PSIRP 的网络架构。

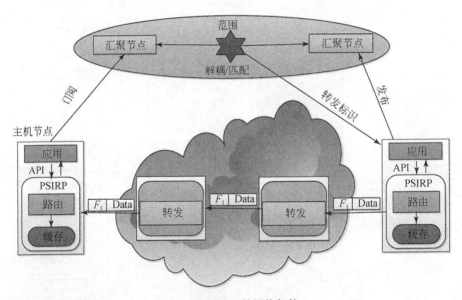

图 1-9　PSIRP 的网络架构

1.6.4　LISN

　　TCP/IP 网络的身份与位置信息耦合,是导致现有互联网在网络层面存在如移动性、路由可扩展性、安全性等诸多严重弊端的主要原因。因此,最直接的解决方法是将 IP 地址的二义性解耦,分别使用不同的标识来表征网络实体的身份信息和位置信息,即身份标识(identifier,ID)和位置标识(locator,LOC),身份与位置分离网络也由此而得名。然而,ID 与 LOC 不再耦合于同一 IP 地址,身份与位置分离网络还需引入用于记录网络实体 ID 与 LOC 动态绑定关系的映射系统。同时,映射系统也是身份与位置分离网络的控制平面,对移动性管理、流量工程、网络攻击防范等目标的实现起到至关重要的作用。身份与位置分离网络架构可分为基于主机、基于网络及基于主机网络混合三类。基于主机和基于网络方案的主要差异在于前者需要对主机协议栈进行修改,而后者需要对接入路由器或边界路由器进行升级改造。图 1-10 和图 1-11 分别给出了基于主机和基于网络这两类身份与位置分离网络的架构模型。

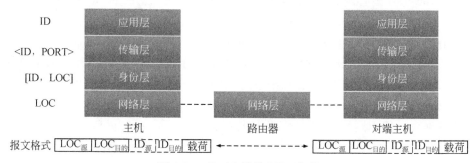

图 1-10　基于主机的 LISN 架构

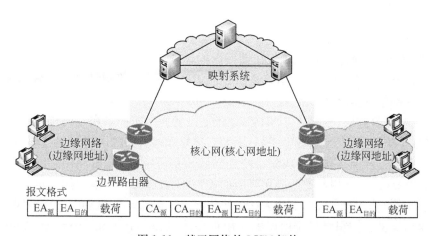

图 1-11　基于网络的 LISN 架构

具体来说,基于主机的架构在主机协议栈的传输层和网络层之间插入了一个主机层作为主机身份的抽象,并与 ID 进行关联。对于主机层之上的传输层和应用层,使用 ID 创建和识别会话。对于网络层,分配给主机的 IP 地址仅作为 LOC 用于网络实体的定位。至于主机层本身,其功能是记录主机 ID 与 LOC 的绑定关系、与映射系统进行交互以获取通信对端 ID 与 LOC 的映射关系,以及对上层(下层)载荷进行关于 LOC 的封装(解封装)。因此,对于主机发出的报文,ID 与 LOC 均携带在报文头部,尽管 ID 与 LOC 可能会以不同的形式共存。例如,ID 可以包含在一个 IP 扩展报头中紧跟在 IP(LOC)报头之后,或者 ID 和 LOC 共存于一个 128 位标识中。基于主机的代表性架构主要有 HIP(host identity protocol)[29,30]、SHIM6(site multihoming by IPv6 intermediation)[31,32]、ILNP(identifier-locator network protocol)[33,34]等。

基于网络的架构则将网络和 IP 地址空间划分为两部分,即边缘网(edge network,EN)和核心网(core network,CN)、边缘网地址(edge network address,ENA)和核心网地址(core network address,CNA)。ENA 仅在边缘网内部用于报文路由,并不是全局的可路由地址,不会被注入核心网路由表中,其在核心网中仅用于表征网络实体的 ID。CNA 在核心网内部用于报文路由,是网络实体在核心网中的 LOC。为实现来自边缘网络的报文在核心网中穿越,需与映射系统进行交互以获得 CNA 与 ENA 的映射关系,并依据该映射关系对报文进行关于 CNA 的封装或改写。基于网络的代表性架构主要有 LISP(locator/identifier separation protocol)[35,36]、RANGER(routing and addressing in networks with global enterprise recursion)[37]、TRRP(tunneling route reduction protocol)[38]等。

1.6.5　SDN

SDN 自 2008 年提出后,便成为未来网络研究领域的焦点。不同于今天的互联网架构,SDN 通过控制平面与转发平面的解耦,以及逻辑上集中式的控制器实现底层基础设施按照上层应用策略引导流量,加强了网络灵活性和可编程性。

开放网络基金会(Open Networking Foundation,ONF)的 SDN 架构如图 1-12 所示,由基础设施层、控制层、应用层,以及层之间的南向接口和北向接口组成。其中,基础设施层是 SDN 的转发平面,由如交换机和路由器等网络设备组成,负责数据报文的转发和网络状态的收集。控制层是 SDN 的控制平面,利用南向接口与网络设备互联、北向接口与商业应用互通的控制器构成。其中,南向接口定义了基础设施层与控制层的交互方式,代表性的协议有 OpenFlow[39]和 OF-CONFIG[40],而北向接口定义了控制层与应用层的应用程序接口(application program interface,API),如 REST API[41]和 onePK[42]。作为 SDN 的核心组成,控制器负责将商业应用策略生成相应的转发规则并下发至网络设备,引导信息流在网络中的走向。同时,控制器还通过网络设备所收集的网络状态生成网络抽象图,以供商业应用进行更好的决策。应用层则是 SDN 的应用平面,由大量不同功能的商业应用组成。用户通过网络抽象对网络进行逻辑控制,以满足其多元化的需求。

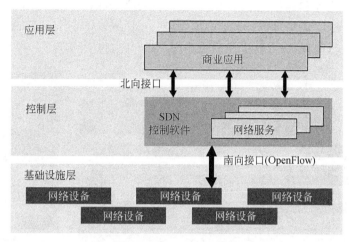

图 1-12　ONF SDN 架构

需要说明的是,在 SDN 问世以前,基于控制转发分离的可编程网络架构研究早已展开,代表性工作有 Active Networking[43]、ForCES(forwarding and control element separation)[44]、4D（decision, dissemination, discovery and data）[45]、Ethane[46]等。

1.6.6　NFV

与 SDN 类似,NFV 也是学术圈的热点研究问题之一。NFV 的基本思想是利用虚拟化技术将网络功能以软件的形式运行在工业标准服务器上[47],而不是专用硬件设备上。通过这样的方式,网络功能可以按需由运营商开启、迁移、关闭,显著提升网络灵活性,大幅降低网络的投入和运营成本。

NFV 的灵活性得益于其将网络功能与底层设施解耦,以及管理编排平面与功能平面的分离。图 1-13 给出了欧洲电信标准化协会（European Telecommunications Standards Institute,ETSI）的 NFV 架构,主要由三部分组成,即网络功能虚拟设施（network function virtualization infrastructure,NFVI)、虚拟网络功能（virtualized network function,VNF),以及网络功能虚拟化管理与编排（NFV management and orchestration, NFV M&O)。NFVI 可进一步细分为硬件资源（hardware resource)、虚拟层（virtualization layer）及虚拟资源（virtualized resource),其中,虚拟层用于将处于不同地理位置的计算、存储、网络硬件资源抽象成统一的、可被上层 VNF 动态调用的虚拟资源。VNF 是能运行在虚拟资源上的某种网络功能的软件实现,由组件管理系统（element management system,EMS）进行管理。NFV M&O 是 NFV 系统的核心,由虚拟设施管理器（virtualized infrastructure manager,VIM)、虚拟网络功能管理器（VNF manager）及编排器（orchestrator）构成,分别负责管理和编排 NFVI、VNF 及网络服务(network service,NS)。此外,NFV M&O 还负责与运营/管理支撑系统(operation/business support system,OSS/BSS)进行交互,以方便运营商策略在 NFV 系统中的实现。

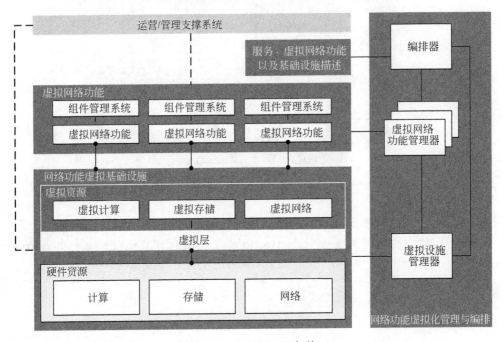

图 1-13　ETSI NFV 架构

1.6.7　SINET

现有互联网存在的诸多弊端源于其原始设计存在的"三种绑定"特性,即"资源与位置绑定""身份与位置绑定"及"控制与数据绑定"[25]。SINET[25]的提出旨在解耦这三重绑定,实现资源的动态感知和适配,从而大幅提升网络资源利用率和用户体验。

如图 1-14 所示,SINET 架构由"三层""两域"构成。其中,"三层"为智慧服务层、资源适配层及网络组件层,"两域"为实体域和行为域。智慧服务层在实体域中采用解耦于位置信息的服务标识来表征某一服务,实现资源与位置分离;在行为域中使用服务行为描述对该服务做进一步说明,以完成资源的注册、更新、查找与匹配。资源适配层是 SINET 的核心。作为控制层面,其通过感知上层服务需求与下层组件状态,按需适配网络现存资源并构建相关族群,以提升资源利用率和服务质量。已构建的专用族群在实体域中由族群标识来表征,并与其行为域中的行为描述进行关联,以便具有相似服务需求的用户继续使用。当该专用族群使用完毕后,其也将自行拆解并释放所占网络资源。作为 SINET 的数据层,网络组件层在实体域中使用独立于位置标识的组件标识来对某一组件进行表征,以实现身份与位置分离;在行为域中使用组件行为描述该组件的硬件性能、运行状态等进行说明,便于资源适配层进行统一的管控与调度,从而实现控制与数据分离。

图 1-14　SINET 架构

1.7　本书主要工作

基于当前新型网络体系的研究成果,本书围绕 ICN 的名字查找、缓存、路由转发与拥塞控制进行研究。在名字查找方面,提出基于名字拆分的查找方法[48,49],旨在提高名字查找效率。在缓存策略方面,提出基于请求内容关联性的预缓存策略、路由器缓存准入策略[50]、基于节点利用比的缓存策略[51]和基于分块流行度和收益的缓存策略,旨在提高缓存利用率。在自适应路由转发策略方面,提出基于增强学习的自适应路由转发策略、支持资源适配的可重构路由策略[28],旨在提高路由转发效率和网络可靠性。在自适应拥塞控制方面,提出基于深度学习的拥塞控制策略[52],旨在避免和缓解网络拥塞。名字查找、内容缓存、路由转发和拥塞控制构成一套目前比较全面的 ICN 理论技术体系,对 ICN 的研究与发展具有一定的借鉴意义。

1.8　小　　结

本章对 ICN 的基本概况和典型代表进行了介绍。首先,介绍了网络产生背景、ICN 的基本思想及 ICN 的优势;然后,较为详细地阐述了 ICN 架构和 ICN 工作机制;最后,对典型的 ICN 进行了介绍,包括 DONA、NDN、PSIRP、LISN、SDN、NFV、SINET 等。

参 考 文 献

[1] 思科. 思科 Mobile Visual Networking Index(VNI)报告预测[EB/OL]. https://www. cisco. com/c/zh_cn/about/press/corporate-news/2017/02-08. html[2018-7-15].

[2] Membrey P, Hows D, Plugge E. Content delivery networks[J]. Lecture Notes Electrical Engineering,2008,37(2):71-92.

[3] Nygren E. The Akamai network:A platform for high-performance Internet applications[J]. ACM SIGOPS Operating Systems Review,2010,44(3):2-19.

[4] Encyclopedia. Content delivery network[EB/OL]. https://en. wikipedia. org/wiki[2018-7-25].

[5] Encyclopedia. Peer-to-peer[EB/OL]. http://en. wikipedia. org/wiki/Peer-to-peer[2018-7-25].

[6] Shen X M, Yu H, Buford J, et al. Handbook of Peer-to-Peer Networking[M]. Berlin: Springer,2010.

[7] Androutsellis-Theotokis S, Spinellis D. A survey of peer-to-peer content distribution technologies [J]. ACM Computing Surveys,2004,36(4):335-371.

[8] Ahlgren B,Dannewitz C,Imbrenda C,et al. A survey of information-centric networking[J]. IEEE Communications Magazine,2012,50(7):26-36.

[9] Jacobson V,Smetters D K,Thornton J D,et al. Networking named content[C]//Proceedings of the 5th Conference on Emerging Networking Experiments and Technologies,New York,2009.

[10] 吴超,张尧学,周悦芝,等. 信息中心网络发展研究综述[J]. 计算机学报,2015,38(3): 455-471.

[11] 孙彦斌,张宇,张宏莉. 信息中心网络体系结构研究综述[J]. 电子学报,2016,44(8): 2009-2017.

[12] 段洁,邢媛,赵国峰. 信息中心网络中缓存技术研究综述[J]. 计算机工程与应用,2018, 2(2):1-10.

[13] 张天魁,单思洋,许晓耕,等. 信息中心网络缓存技术研究综述[J]. 北京邮电大学学报, 2016,39(3):1-15.

[14] Fang C,Yu F R,Huang T,et al. A survey of green information-centric networking:Research issues and challenges[J]. IEEE Communications Surveys & Tutorials, 2015, 17 (3): 1455-1472.

[15] Ahsan R,Ahmed R,Boutaba R. URL forwarding for NAT traversal[C]//IFIP/IEEE International Symposium on Integrated Network Management,Ottawa,2015.

[16] Koponen T,Chawla M,Chun B,et al. A data-oriented(and beyond)network architecture [C]//Proceedings of the 2007 Conference on Applications,Technologies,Architectures,and Protocols for Computer Communications,Kyoto,2007.

[17] Afanasyev A,Yu Y G,Zhang L X,et al. The second named data networking community meeting(NDNcomm 2015)[J]. ACM SIGCOMM Computer Communication Review,2016, 46(1):58-63.

[18] Zhang L,Estrin D,Burke J,et al. Named data networking(ICN)project[J]. Transportation

Research Record: Journal of the Transportation Research Board, 2012, 1892(1): 227-234.

[19] Ahmad Z, Jaffri Z, Ali I. A survey on publish-subscribe Internet routing paradigm [J]. International Journal of Informatics and Communication Technology, 2013, 2(3): 144-154.

[20] Feng B H, Zhang H K, Zhou H C, et al. Locator/identifier split networking: A promising future Internet architecture[J]. IEEE Communications Surveys & Tutorials, 2017, 19(4): 2927-2948.

[21] Kreutz D, Ramos F M V, Esteves V P, et al. Software-defined networking: A comprehensive survey[J]. Proceedings of the IEEE, 2014, 103(1): 10-13.

[22] Mijumbi R, Serrat J, Gorricho J L, et al. Network function virtualization: State-of-the-art and research challenges[J]. IEEE Communications Surveys & Tutorials, 2017, 18(1): 236-262.

[23] Zhang H K, Quan W, Chao H C, et al. Smart identifier network: A collaborative architecture for the future Internet[J]. IEEE Network, 2016, 30(3): 46-51.

[24] 张宏科, 罗洪斌. 智慧协同网络体系基础研究[J]. 电子学报, 2013, 41(7): 1249-1254.

[25] 苏伟, 陈佳, 周华春, 等. 智慧协同网络中的服务机理研究[J]. 电子学报, 2013, 41(7): 1255-1260.

[26] 郜帅, 王洪超, 王凯, 等. 智慧网络组件协同机制研究[J]. 电子学报, 2013, 41(7): 1261-1267.

[27] Zhang H K, Quan W, Su W. Smart Collaborative Identifier Network: A Promising Design for Future Internet[M]. Berlin: Springer, 2016.

[28] 张明川, 许长桥, 关建峰, 等, 一种面向智慧协同网络的自适配路由策略研究[J]. 电子学报, 2015, 43(7): 1249-1256.

[29] Nikander P, Gurtov A, Henderson T R. Host identity protocol (HIP): Connectivity, mobility, multi-homing, security, and privacy over IPv4 and IPv6 networks [J]. IEEE Communications Surveys & Tutorials, 2010, 12(2): 186-204.

[30] Moskowitz R, Heer T, Jokela P, et al. RFC 7401 Host Identity Protocol Version 2(HIPv2) [S]. IETF, 2015.

[31] Garcíamartínez A, Bagnulo M, Beijnum I V. The SHIM6 architecture for IPv6 multihoming [J]. IEEE Communications Magazine, 2010, 48(9): 152-157.

[32] Bagnulo M, Nordmark E. RFC 5533 SHIM6: Level 3 Multihoming Shim Protocol for IPv6 [S]. IETF, 2009.

[33] Atkinson R, Bhatti S, Hailes S. Evolving the Internet architecture through naming[J]. IEEE Journal on Selected Areas in Communications, 2010, 28(8): 1319-1325.

[34] Atkinson R, Bhatti S, Hailes S. Site-controlled secure multi-homing and traffic engineering for IP[C]//IEEE Military Communications Conference, Boston, 2010.

[35] Saucez D, Iannone L, Bonaventure O, et al. Designing a deployable Internet: The locator/identifier separation protocol[J]. IEEE Internet Computing, 2012, 16(6): 14-21.

[36] Farinacci D, Meyer D, Zwiebel J, et al. RFC 6831 the Locator/ID Separation Protocol(LISP) for Multicast Environments[S]. IETF, 2013.

［37］ Templin F. RFC 5720 Routing and Addressing in Networks with Global Enterprise Recursion (RANGER)［S］. IETF,2010.

［38］ Herrin W. Tunneling Route Reduction Protocol［EB/OL］. http://bill. herrin. us/network/trrp. html.［2018-7-15］.

［39］ Mckeown N,Anderson T,Balakrishnan H,et al. OpenFlow:Enabling innovation in campus networks［J］. ACM SIGCOMM Computer Communication Review,2008,38(2):69-74.

［40］ Open Networking Foundation. OF-CONFIG 1. 2,OpenFlow management and configuration protocol ［R/OL］. https://www. opennetworking. org/images/stories/downloads/sdn-resources/ onf-specifications/openflow-config/of-config-1. 2. pdf［2018-7-26］.

［41］ Wikipedia. OpenDaylight REST API［EB/OL］. https://wiki. opendaylight. org/view/OpenDaylight_ SDN_Controller_Platform_(OSCP):Rest_Reference［2018-7-26］.

［42］ Cisco. Cisco onePK［EB/OL］. https://developer. cisco. com/site/onepk/［2018-7-26］.

［43］ Tennenhouse D L,Wetherall D J. Toward an active network architecture［C］//Proceedings of the DARPA Active Networks Conference and Exposition,San Francisco,2002.

［44］ Yang L,Dantu R,Anderson T,et al. RFC 3746 Forwarding and Control Element Separation (ForCES)Framework［S］. IETF,2004.

［45］ Greenberg A,Hjalmtysson G,Maltz D A,et al. A clean slate 4D approach to network control and management［J］. ACM SIGCOMM Computer Communication Review, 2005, 35 (5): 41-54.

［46］ Casado M,Freedman M J,Pettit J,et al. Ethane:Taking control of the enterprise［C］//Proceedings of the 2007 Conference on Application,Technologies,Architectures,and Protocols for Computer Communications,Kyoto,2007.

［47］ European Telecommunications Standards Institute. White paper:Network functions virtualization (NFV)［EB/OL］. https://portal. etsi. org/NFV/NFV_White_Paper2. pdf［2018-7-26］.

［48］ Wu Q T,Yan J R,Zhang M C,et al. Efficient lookup schemes based on splitting name for NDN［J］. Journal of Internet Technology,2018,99(99):1-9.

［49］ Feng S B,Zhang M C,Zheng R J,et al. A fast name lookup method in NDN based on Hash coding［C］//The 3rd International Conference on Mechatronics and Industrial Informatics, Zhuhai,2015.

［50］ Feng B H,Zhou H C,Li G L,et al. Cache-filter:A cache permission policy for information-centric networking［J］. KSII Transactions on Internet and Information Systems,2015, 9 (12):4912-4933.

［51］ Zhang M C,Xie P,Zhu J L,et al. NCPP-based caching and NUR-based resource allocation for information-centric networking ［J］. Journal of Ambient Intelligence & Humanized Computing,2017(4-5):1-7.

［52］ Liu T T,Zhang M C,Zhu J L,et al. ACCP:Adaptive congestion control protocol in named data networking based on deep learning［J］. Neural Computing and Applications,2018(online).

第 2 章 ICN 基本原理

2.1 ICN 名字查找技术

ICN 名字查找技术中典型的是 NDN 的名字查找技术。NDN 把 FIB、CS 和 PIT 三个表项结合,提高信息转发速率。

2.1.1 名字查找技术

NDN 采用 URL[1]形式对信息进行命名,名字是由分隔符分开的字符串组成,因此,可以用 NCT 表示。如图 2-1 所示的树形结构是由许多名字元素的字符串构建而成,其每一个节点表示当前查询的前缀信息是否存储于 NDN 的三个表项中,以及属于那个表项。

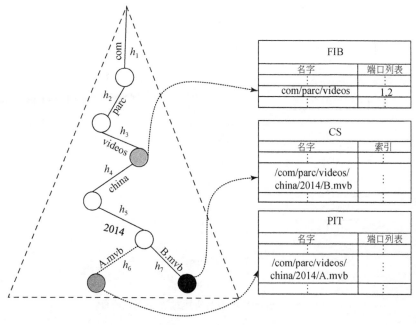

图 2-1 名字元素树

当接收一个兴趣包后,查询操作将对一级边集合中(由根节点生成)的元素进行匹配,以确定兴趣包名字的第一个元素是否存在。如果存在,则查询状态由一级边集合转移到二级边集合,依次迭代进行查询。当被查询名字的全部元素信息完全匹配或转移条件中断,则查询结束,输出最后的状态索引。

2.1.2　基于哈希函数的数据名查找

　　NDN 数据名字的格式与 URL 类似,均由字符串和分隔符组成,因此可以参考 URL 名字的查找方法。文献[2]利用 URL 的过滤系统融合多模式查找字符串算法和压缩字符串算法,在加快 URL 查找速度的同时,实现了对存储开销的压缩。文献[3]使用 32 位循环冗余校验(cyclic redundancy check,CRC)哈希函数对 URL 名字的每个组件进行哈希运算,从而把每个组件压缩为一个 4 字节的串,则整个 URL 名字将会变成 $4n$ 字节的串。其中 n 代表了 URL 名字具有 n 个组件。例如, URL:http://network. bit. cs. cn/search/name,利用分隔符“/”分为三个组件,则 URL 名字将被压缩为 12 个字节的串,为 0x2337F04B56EB50D25C94B3A4。文献[4]基于数据存储结构的特征,提出了一种基于分治哈希映射的名字查找方法,图 2-2 展示了分治哈希表的构建过程和查找流程。

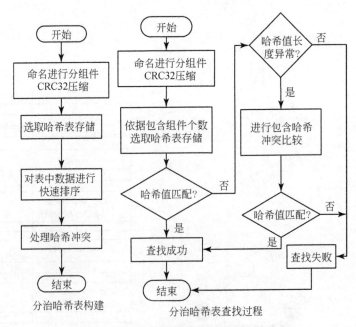

图 2-2　分治哈希表的构建过程和查找流程

　　如图 2-2 所示,在表构建过程中首先会对名字组件进行 CRC 运算,得到各个组件的哈希值,接着将各个组件的哈希值拼接起来以 16 进制的形式存放在哈希表中。每个名字存放的哈希表号与该名字的组件个数相同。例如,对名字

"WWW. tju. edu. cn/seie/xygk/xyjj",被分隔符"/"分解为 4 个组件,那么将其存放于哈希表 4 中,依次类推,如果一个名字含有 5 个组件,那么该名字的哈希值被存放在哈希表 5 中,如图 2-3 所示。

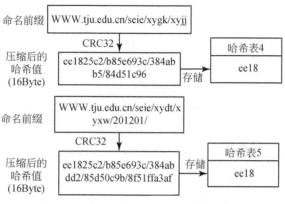

图 2-3　组件哈希值存入相应的哈希表

建立好哈希表后,对每个哈希表中的元素进行快速排序,其排序依据是每个哈希值所表示的数学意义。例如,名字"WWW. tju. edu. cn/seie/xygk/xyjj"有 4 个组件,其哈希值被存放在哈希表 4 中,且哈希表中的元素均为 16 进制的数据,所以名字"WWW. tju. edu. cn/seie/xygk/xyjj"哈希值可以表示为 $ee1825c2 \times 16^3 + b85e693c \times 16^2 + 384abb5 \times 16^1 + 84d51c96 \times 16^0$。在同一个哈希表中,两个哈希值的排序比较过程如图 2-4 所示,图中箭头中间的符号表示同一个数量及上两个来自不同名字组件的哈希值大小,在图中比较了名字"WWW. tju. edu. cn/seie/xygk/xyjj"和名字"WWW. tju. edu. cn/seie/xydt/xyxw"各个组件的前后关系。两个名字均含有 4 个元素组件,分别将相应的组件比较大小,进行排序。通过此种方法可以快速地使哈希表中的元素按递增顺序排列,在查找相应名字的哈希值时可以采用二分查找方法提高查找速度。

NDN 的名字查找过程与 TCP/IP 网络不同,NDN 名字查找的基本单位为名字组件,如请求数据的名字为"a/b/c",同时在路由表中含有"a/b/c"和"a/b"两种名字,经过最长前缀匹配,可以找到"a/b/c"。根据构建好的哈希表,最长前缀匹配首先会通过 CRC 计算出要查询名字各个组件的哈希值,根据名字的组件个数,在对应的哈希表中查找。如果查找失败,那么要查询名字的最后一个哈希值将被删除,并跳转到该哈希表的上一哈希表,再次对名字进行查找,直到找到相应的哈希值,或直到跳转到第一张哈希表仍没找到,说明查找失败。实验证明,该方案极大地压缩了 NDN 名字集合的存储空间,大幅提高了名字的查找效率。

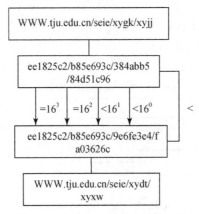

图 2-4　哈希表中两个哈希值比较

2.1.3　数据名的分层编码技术

NDN 数据名是一种树形结构,将信息名字根据分隔符分成了多个组件,从而实现对名字的存储压缩。例如,把名字信息"com/edu/videos/www",分为 4 个组件:"com""edu""videos"和"www",再将分隔后的组件构成特里树,其定义如下:

(1)连接父节点和子节点的每一条边代表一个组件,其查询状态转移按照组件边进行。

(2)所有的名字组件被存放于同一个编码集合中,被编成不同的代码。

如图 2-5 所示,将左侧的名字集合按照分层思想把组件作为名字树的边建立名字查找特里树。可以发现在树形结构的第一层上仅有两个组件,分别为"com"和"cn",根节点是与这两个组件相对应的孩子指针。在特里树构建完成之后,名字集合中的每一条数据名都具有对应的叶子节点,每个叶子节点保存了相应的名字前缀信息,这种方法构建的特里树比较复杂,不利于查找操作。通常需对这种复杂的特里树进行改进,按照名字各个组件进行编码。首先将名字集合 S 中的所有名字分隔为各个组件,将这些组件存入集合,相同的组件在集合中仅为一个元素,然后对集合中的元素进行编码。如图 2-5 所示,可以将组件"com"编码为 1,将组件"cn"编码为 2。依次对树形结构中的所有组件边进行编码,可以得到 9 个组件边的编码和 14 个节点,以提高查找效率。

2.1.4　并行名字查找方法

虽然 NDN 是一种新型的网络模型,但它仍然借鉴了很多 TCT/IP 网络的思想。NDN 的路由和数据转发模型和 IP 网络都有相同之处。但是,NDN 中采用名字对内容进行标识,路由和转发的依据是名字而不是 IP 地址。为了提高名字的查

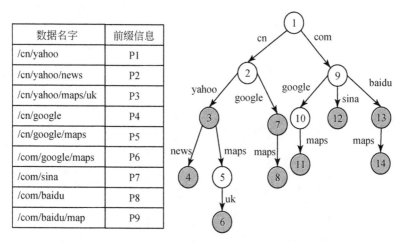

数据名字	前缀信息
/cn/yahoo	P1
/cn/yahoo/news	P2
/cn/yahoo/maps/uk	P3
/cn/google	P4
/cn/google/maps	P5
/com/google/maps	P6
/com/sina	P7
/com/baidu	P8
/com/baidu/map	P9

图 2-5　命名分层编码示例

找速率,文献[5]提出了一种并行名字查找(parallel name lookup,PNL)结构,构建了名字前缀树(name prefix tree,NPT),NPT 的每一个节点代表一组名字组件,当输入一个名字时,PNL 对这些缓存进行遍历和匹配,以提高名字的查询速度。

　　图 2-6 中的树型结构展示了由 7 个名字组成的名字集合。NPT 中每条边代表了一个名字的组件,每个节点代表了一种查询状态。当查询开始时首先获得名字的第一个状态,对根节点的边集合进行匹配。如果匹配成功,则按照转换条件将查询状态转移到节点 2 的边集合,随后的查找过程迭代这一步骤。如果不符合相应的状态转换条件或者状态转换到了叶子节点上,则查询过程将终止,并输出最后一个状态对应的节点号。

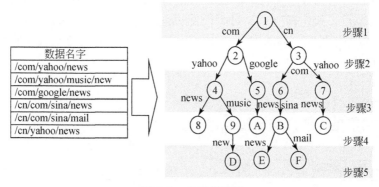

数据名字
/com/yahoo/news
/com/yahoo/music/new
/com/google/news
/cn/com/sina/news
/cn/com/sina/mail
/cn/yahoo/news

图 2-6　名字前缀树

　　将 NPT 中由不同层生成的状态节点组成一个集合,并通过单独的物理模型对这些集合进行存储,一个集合对应一个物理模型。图 2-7 中表示将 15 个名字组件分成 3 个集合,并且通过 3 个物理存储器进行存储。将这些节点分到哪个集合与它们所属的层无关,但是仍保留了它们在名字前缀树中的相应转换状态。

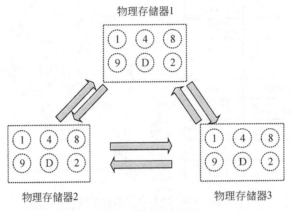

图 2-7 物理存储模型

图 2-8 展示了物理存储模块的并行运算过程。例如,在第二行,对数据名"/cn/com/sina/news"进行查找,当查找到后两个组件时,首先在物理存储器 3 中找到状态节点 6,匹配到"sina"节点。之后转换到物理存储器 3 中的状态节点"B"。查询过程首先会判断物理存储器 3 是否被占用,如果没有被占用,则没有冲突,查询状态将转换到"B"并且继续匹配下一个状态转换。图 2-8 利用了多线程表示并行查找过程。多个物理模块并行工作,实现对名字信息的并行查找。但如果存在多个线程同时需要在同一个物理存储模块中进行查询时,需要进行排队,只有当该物理存储模块中当前查询节点状态转换完毕后,其他线程才可以进行匹配。在图2-8 中当线程 1 和线程 3 完成了对组件"yahoo"的状态转换操作后,均需要在模型1 中对状态节点 4 和状态节点 1 进行匹配,那么首先对线程 1 的状态进行匹配转换,线程 3 将处于排队等候状态。待线程 1 成功转换后,物理存储模块将会通知线程 3 进行操作。

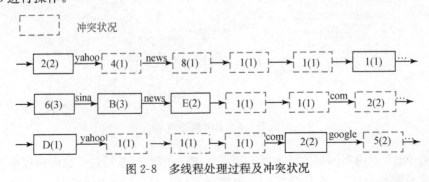

图 2-8 多线程处理过程及冲突状况

对于并行名字查找方案,在一定程度上加快了名字查询的速度,但会引起名字查询线程冲突问题,同样会降低查询效率,也需要采用相应技术进行处理。

2.2　ICN 信息缓存技术

ICN 的特点之一是网络各个节点配有内置缓存,能够存储经过该节点的部分或全部内容。当用户再次访问这些内容时,能够从邻近节点上直接获取所需要的信息,而不是每次都从服务器获取。缓存技术在万维网(World Wide Web, WWW)、P2P、CDN 等封闭缓存系统中早已广泛应用,然而,ICN 的缓存系统有其独特之处,如透明化、泛在化等,使得当前的缓存理论、缓存模型和缓存方案等不能无缝地移植过来。ICN 关于缓存的研究主要分为两类:一是缓存系统性能的优化方法,包括缓存大小规划、缓存共享、缓存策略、缓存网络拓扑优化等;二是缓存系统的建模与分析,包括对象流行度模型、请求到达模型、缓存网络拓扑模型、请求关联性模型等[6]。

2.2.1　缓存网络结构

现有的研究主要把缓存的拓扑结构分为三种:线性级联结构、树状层次结构和网状图结构,如图 2-9 所示。缓存理论的研究也经历了从单个缓存到特殊网络结构的发展,如线性级联结构和树状层次结构。这些比较简单的网络结构简化了节点之间的关联复杂度,便于分析节点之间的协作关系。然而,ICN 结构复杂,不能简单抽象成线性或层次结构,而需要用网状结构来描述。这种特殊的网络拓扑模型并不能反映真实 ICN 的拓扑结构。

2.2.2　缓存的特点

1. 缓存透明化

传统网络缓存系统通常是封闭式的,主要针对某一特定的应用,如 WWW、P2P 等。然而,基于域自主命名的 WWW 无法将相同的内容进行一致命名。P2P 网络采用了私有协议,各个应用之间相互封闭,难以实现缓存的共享。相比传统网络的缓存,ICN 能够实现信息的全局唯一命名,且包含签名信息,可以自我验证。ICN 基于信息名字进行路由,缓存与应用之间没有关系,使得缓存成为对上层应用透明的基础服务。

然而,缓存透明化也面临一些新的挑战,如缓存内容单一、线速执行等。各种类型的应用都直接在 ICN 上运行,这要求缓存内容必须具备多样性以满足不同应用的需求。

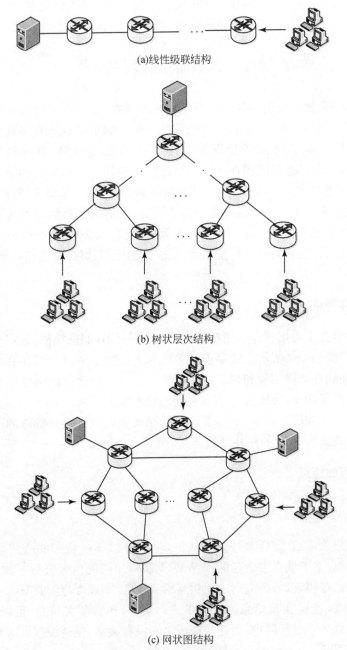

(a)线性级联结构

(b) 树状层次结构

(c) 网状图结构

图 2-9　缓存网络拓扑结构

2. 缓存泛在化

由于传统缓存假设的网络结构是较为规则的树状层次结构,缓存之间可以基于先验知识进行协同计算,从而得出最佳放置位置。然而,在 ICN 中,缓存的网络结构不能简单地抽象成层次树结构,应该采用网状结构表示,缓存节点不再固定,缓存呈现泛在化特征。基于网状结构的缓存网络,增加了系统建模和分析的难度。

3. 缓存细粒度化

传统的缓存内容对象一般是整个文件,然而 ICN 对整个内容文件的操作速度低,难以满足缓存线速执行的要求。因此,ICN 将每个内容文件分成大小相同的内容块,以块为单位进行缓存,使得缓存对象细粒度化。

缓存细粒度化能够充分利用节点的缓存空间,但也带来了一些新的问题。例如,内容对象的流行度不能简单地应用到基于内容块的网络中,因为同一内容文件的不同分块被访问的频率并不相同。缓存细粒度化使得同一内容的不同分块之间具有关联性,传统的以文件为操作对象的缓存模型不再适用。

2.2.3　缓存的作用

网络中各个节点配有内置缓存是 ICN 的重要特征,缓存的应用使得 ICN 增加了许多新的功能,这也是其区别于传统网络的最大特征之一。缓存的作用主要表现在以下几个方面。

1. 降低用户访问时延

由于网络内的各个节点都具有服务器的全部或部分功能,当用户再次访问被缓存的内容时,能够从邻近的节点中获取。所需内容能够更快地被传送给用户,可以降低访问时延。

2. 降低服务器负载

一个好的缓存策略能够使用户从较近的节点上获取所需内容,而不用每次都从内容源服务器中获取,减少了访问服务器的次数,降低了服务器的负载。

3. 减少带宽的消耗

由于邻近节点可以直接响应用户的请求,用户可以从距离较近节点上获取所需的内容,减少了请求包和数据包的传输跳数,降低了网络的流量和带宽消耗。

2.2.4　缓存方案的分类

根据缓存决策时是否需要节点之间进行协作,可以将缓存策略分为协作式缓存和非协作式缓存。根据缓存复杂性及节点间是否需要信息交互,可以将缓存方案分为显式协作缓存和隐式协作缓存,下面分别进行简要介绍。

1. 显式协作缓存

显式协作需要事先知道缓存的一些基本信息,如缓存节点状态、缓存访问方式等,然后基于这些信息判断内容对象的缓存位置。显式协作根据其协作的范围不同又可以分为全局协作、路径协作及邻居协作。

全局协作是指缓存拓扑结构中的所有节点都参与协作。实现全局协作需要预先知道网络中关于节点、缓存等的信息,如路由节点之间的距离、缓存内容的访问频率、节点的集合状态等。在此基础上,通过全局协作进行内容对象的放置和替换。但这种方式的缺点在于计算复杂、通信开销大。

路径协作是指请求包在转发过程中与路径上节点之间的协作。兴趣包将节点的状态信息封装起来,当缓存命中时,节点将缓存节点的状态信息提取出来进行计算,从而找出缓存的最佳放置位置。

邻居协作是指邻居节点之间的协作。邻居协作通过邻居节点之间的信息交换,使邻居节点之间降低缓存冗余,邻居节点之间只保留一个副本。

全局协作、路径协作和邻居协作的优点在于,减少了各自协作范围内的缓存冗余,增加了缓存内容的多样性,能够满足 ICN 不同的应用需求,有利于提升缓存利用率。

2. 隐式协作缓存

在隐式缓存协作中,每个节点在进行缓存决策时,不需要知道其余节点的状态信息或只需知道少量的信息,这与显示缓存协作有根本的区别。隐式缓存协作算法复杂度低,通信开销小,计算速度快,相比于显式协作缓存,隐式协作具有更好的适用性。

2.2.5　缓存策略的研究

缓存策略是缓存的关键技术之一,它主要解决哪些节点缓存哪些内容的问题。自从 WWW 缓存提出至今,关于缓存的放置和替换一直是缓存策略的两个主要研究内容。

1. 缓存放置策略

缓存放置策略研究将内容对象存储在哪些节点上。文献[7]和[8]提出了LCD(leave copy down)、MCD(move copy down)和Prob(copy with probability)等策略。在 LCD 策略中,当缓存在某个节点发生命中时,将内容对象复制到与命中节点相邻的下游节点上。随着访问次数的增加,内容最终被复制到距离用户较近的边缘节点上,使内容对象更加靠近用户。在 MCD 策略中,当某个节点缓存命中时,将内容对象存储到与命中节点相邻的下游节点上,同时删除命中节点的内容,随着该内容被访问次数的增多,内容逐渐转移到距离用户较近的边缘节点上。与LCD 策略相比,MCD 策略的优势在于具有更低的缓存冗余度。在 Prob 策略中,当信息包回传时,路径上所有节点以概率 P 缓存内容,可以根据实际情况调整 P值的大小。

文献[9]提出了 RCOne(randomly copy one)策略,当信息包回传时,随机地选择一个节点缓存该内容。Cho 等[10]提出了一种针对内容流行度的协作缓存机制,请求路径的上游节点维护一个标记窗口,并根据该窗口指导下游节点缓存内容对象。Yang 等[11]提出了 PPP(pull with piggybacked push)协议,基本思想是将push 和 pull 相结合。当节点有缓存内容时,就向邻居节点推送报告信息,将自己的缓存信息告诉邻居节点,该过程称为 push-based;当某个节点需要请求内容时,在所在域内广播请求包,如果请求包没有响应,再到服务器上寻找,该过程称为pull-based。该方案提高了节点之间缓存的共享程度,但存在多余的 push,增加了网络负载。

Shen 等[12]基于线性拓扑结构提出了一种请求包携带沿途节点信息的缓存策略,用户端向服务器发送请求包,在转发到服务器的过程中,收集沿途节点的信息,包括目标内容大小、访问频率、因替换而需要付出的代价等。这些信息在服务器端经过综合计算,得出沿途节点的最佳分布状态,将计算结果封装在数据包中,然后沿着请求路径回传给沿途节点,各个节点依据该结果调整自己的缓存。Lin 等[13]在树型拓扑结构的基础上,采用集中式优化探讨缓存放置优化问题。文献[14]提出了一种基于收益感知的缓存方案,针对内容分块的流行度,以最小化内容访问代价为目标,建立了缓存收益优化模型。文献[15]提出一种启发式缓存放置策略,请求包和数据包在传输过程中收集沿途节点的必要信息,在数据包回传给用户的过程中,沿途节点以一定的概率缓存数据。计算缓存概率时既考虑内容流行度又考虑缓存放置收益,使流行度高和缓存收益大的内容有较高的缓存概率。文献[16]提出了一种选择性缓存策略,在进行缓存决策时将内容对象的流行度和节点的中心度进行匹配。

2. 缓存替换策略

由于缓存空间有限,无法存储所有内容,因此在缓存空间不足的情况下,需要替换部分过时的内容。缓存替换时,主要依据内容请求的时间局域性和空间局域性制定替换策略,尽可能提高缓存的命中率。现有研究中,主要有确定性和随机性两种类型的替换策略。最常见的确定性替换策略是单个节点上使用的最近最少使用(least recently used,LRU)[17]、先进先出(first in first out,FIFO)[17]及最近最不常用(least frequently used,LFU)[18]等,这些策略简单、易实现,但通常不考虑节点之间的关联性。随机性替换策略在缓存新内容时具有不确定性,需要综合考虑多方面因素。总体来说,LRU、LFU是目前使用最广泛的缓存替换策略,在ICN的缓存研究中,许多缓存方案都是基于这两种替换策略。例如,文献[19]中提出了一种基于年龄的替换策略,该策略将用户的距离和内容的流行度等因素作为计算年龄的指标,最后将年龄为零的内容替换出去。

2.2.6 现有缓存策略的不足

近年来,ICN受到学术界和工业界的广泛关注,取得了一系列的研究成果。缓存策略作为ICN的关键技术也取得了一定的进展,但是现有的缓存策略仍然存在很多不足之处,主要体现在以下几个方面。

1. 内容块级别的对象流行度

内容流行度是制定缓存策略的主要依据之一,直接影响缓存的效率。ICN缓存细粒度化的特性使得缓存的流行度必须基于内容块,而非内容文件。但是,在现有的缓存策略研究中,基于内容块级别的对象流行度的方案较少。

2. 缓存网络的建模

ICN的拓扑结构是基于任意图的,不再是线性结构或树型结构。基于任意图的网络拓扑模型最早由Rosensweig等[20]建立,但该模型尚不完善,不完全符合ICN的要求。例如,模型需要基于内容块级别的对象流行度,需要抛弃请求以遵从独立参考模型为前提等。

3. 请求之间的关联性分析

ICN细粒度缓存使得用户请求不再遵从独立参考模型,但目前多数模型还是采用这种建模方法。建立具有请求关联性的模型对缓存策略的优化有很大帮助,能够有效提高缓存的性能。目前,一些学者认为内容块之间的请求存在与顺序有关的关联性,但还没有具体的数学模型加以验证。

4. 低复杂度的缓存协作机制

高效的缓存策略能够有效降低缓存冗余,提高缓存内容的多样性。但是,若要发挥缓存多样性的优势,必须建立一套缓存定位机制。隐式协作缓存策略具有复杂度低的优点,如何以隐式协作缓存实现缓存的智能定位,并能够很好地适应 ICN 的动态性要求,是未来研究的一个方向。此外,目前缓存协作机制大多基于单个自治域,但 ICN 可能会向多自治系统发展,需要多个自治域之间相互协作。Pacifici 等[21]提出网络中每个自治系统都存在一个特殊节点,这个节点存储有该系统内所有节点的实时状态信息,并与邻自治系统进行信息交换。这种方案最大的缺点是难以在真实网络中实现。因此,简单、灵活、可扩展的域间协作机制是未来 ICN 实现缓存全网部署必须解决的问题。

2.3　ICN 路由转发技术

2.3.1　数据包转发过程

ICN 主要依靠数据请求实现通信。数据请求者首先会发出一个兴趣包。兴趣包包含数据请求者所需要内容的名称信息。然后根据该名称在路由器的 FIB 中进行查找,当兴趣包到达网络中某个节点,并且该节点存储着所需请求内容时,数据包会根据兴趣包的原路径返回,将内容反馈给信息请求者,如图 1-5 所示。

当路由器接收到一个兴趣包时,首先路由器会在 CS 中对兴趣包所包含的名字信息进行查找。如果 CS 中存在该名字信息,则路由器会将此信息返回给请求者。如果 CS 中不存在该信息,则会在 PIT 中对该名字进行检索,PIT 中记录了信息的名字和接收到兴趣包的路由器端口。如果在 PIT 中匹配到相应的条目,说明兴趣包已经发送,但还没有收到响应的数据包。如果 CS 和 PIT 中均不含有该条信息,那么兴趣包将会根据 FIB 转发,同时将在 PIT 中建立一条关于该兴趣包的条目。

当兴趣包所需求的信息被找到后,数据包则会按原路径传回。在传回的过程中,当路由器接收到数据包,首先会更新自己的 PIT,将所有与该数据包相匹配的 PIT 条目添加相应的接口。如果 PIT 中没有该数据包相匹配的条目,则路由器会丢弃数据包,并将数据缓存在 CS 中。

ICN 转发数据主要根据数据名称进行转发,依靠最长前缀匹配实现对数据的检索。但 ICN 名字的可变长和子字符特性及其层次化结构都给最长前缀匹配带来了极大的挑战。

2.3.2　路由转发特色

路由转发技术是 ICN 的一项重要技术,具有以下两大特色[22]。

1. 基于信息名字路由

在 TCP/IP 网络中,IP 地址是路由转发的标识,用户的任何需求必须转化为对 IP 地址的访问,从而实现数据分组的正确投递。ICN 则从用户的实际需求出发,按照用户的请求内容定义路由标识。实际上,目前网络用户请求的大部分内容为信息,则信息名字成为 ICN 的路由标识。采用信息名字作为路由标识,一是用户不需要关注网络拓扑,只需按照需求向网络请求数据,网络按照 FIB 中路由标识回应数据;二是不需要域名到 IP 地址的映射,将解析过程与路由过程合二为一,提高网络的传输效率。

2. 路由转发过程结合了缓存技术

缓存技术是 ICN 的重要突破。ICN 增加了路径内缓存,可缓存经过该节点的所有或部分信息。在路由过程中,缓存可作为信息源直接回应数据,不需要路由到原始数据源获取数据。缓存的加入使得 ICN 缩短了传输路径,提高了网络的传输效率。

2.3.3　路由转发方式

目前 ICN 的路由采用两种方式,即精确路由和模糊路由。

1. 精确路由

精确路由根据路由表对数据分组进行转发,路由表中存储了信息名字与接口的匹配信息。转发过程中,路由器根据数据分组中信息名字匹配路由表项,按照相应表项中的接口转发分组。采用精确路由模式的方案有 CCN、DONA 等,一般采用 URL 作为信息名字,路由协议仍然采用传统域间和域内路由协议,唯一不同的是其类型标识值(type label value,TLV)为信息名字 URL,路由表的创建过程采用洪泛方式。路由过程不考虑 IP 地址。DONA 采用了 RH 架构,按照 RH 结构路由到数据源副本。DONA 底层仍考虑 IP 网络,IP 地址是一种本地化标识。

2. 模糊路由

模糊路由通过属性值对定义判定条件,组合不同的判定条件作为接口过滤器。每一个分组经过路由器时,路由器按照信息名字与过滤器匹配,符合接口条件的,按照相应接口转发。通过模糊路由方式获取的信息可能并不符合用户的需求,称为误判行为。误判行为是模糊路由无法避免的,也是模糊路由的最大缺陷。

2.3.4　路由转发策略

以信息为中心的路由模式采用基于信息名字的路由来取代基于 IP 地址的路由,实现"身份与位置分离",天然地支持信息的"拉"式获取[23]。斯坦福大学的 Gritter 等[24]最早提出"名字路由"方案,它基于用户请求的名字(如 URL)进行路由,主要应用于 CDN。Caesar 等[25]提出了基于平面标识的路由模式,数据包头不携带任何位置信息,直接利用主机身份进行路由。Carzaniga 等[26]利用多重树表示网络的分层多域结构,在每个树中结合传统地址来减少信息转发数量,实现信息路由。Liu 等[27]利用多层虚拟哈希表对域内、域外信息名字进行聚类,并使用该聚类减少名字解析表的长度和更新负载,降低常用聚类方法的后缀空洞问题,形成一个具有较好扩展性的名字解析与路由框架。Rao 等[28]利用分布式哈希表的可扩展特性,解决基于关键字的内容查询、处理等问题,实现了面向发布/订阅的内容转发。Tan 等[29]利用按需更新和抽样预配置方法对用户信息访问行为进行渐近分析,实现对缓存信息的高效替换和转发。

2.4　ICN 拥塞控制技术

2.4.1　拥塞产生原因

前面介绍了 ICN 的整体结构,如 ICN 的 CS、PIT、FIB 等结构。ICN 的体系结构虽然与 TCP/IP 网络类似,但在拥塞控制方面,二者的机制存在很大的区别。在 TCP/IP 网络中,建立一条固定通信链路,需要两台主机,还要知道主机的 IP 地址,在此基础上一台主机通过 IP 地址寻找另一台主机,随后建立两台主机之间的一条通信链路。而在 ICN 中,并不关心 IP 地址,内容是通信、寻址过程的基础,因此也不会有一条固定链路存在于内容请求者和提供者之间。ICN 在每一跳上建立流量控制机制。目前,ICN 中存在拥塞的主要原因有两个。

(1)资源的有限性。资源有限性是指设备缓冲区的大小、链路中的带宽资源以及中央处理器(central processing unit,CPU)的处理能力等有限。

(2)请求的不可预测性。ICN 是一个无标度网络,网络中请求的数量是随机的,造成了网络中存在着不可预测的数据流量,而且对网络资源的请求也可能超出网络的容量。

经相关研究表明,ICN 的拥塞主要发生在两个地方。

(1)中间转发节点。如果中间节点设置的缓冲区不足,而待处理的数据包数量过多,就会造成数据包的丢失。

（2）中间链路。当网络中有大量突发业务出现时，会增加链路上的负载量，从而导致丢包现象。

2.4.2　拥塞控制方式

拥塞对网络造成的危害是不可估量的，在传统 TCP/IP 网络和 ICN 中都会引起数据包丢失和网络延时，较严重的情况下会引发网络瘫痪。

将 ICN 的特性融入传统拥塞解决算法中，研究者给出了三种解决拥塞的方法，分别对应拥塞控制的源端、路由器和链路。一般情况下，拥塞解决方案是依据拥塞控制位置提出来的，同样适用于源端和路由器。比较典型的拥塞控制有两种方案，一种是基于窗口的兴趣包控制协议（interest control protocol，ICP）[30]，一种是逐跳的兴趣包整形（hop-by-hop interest shaping，HoBHIS）策略[31]。下面对这两种方案进行系统介绍并给出其不足之处。

1. 基于窗口的 ICP

ICP 是一种通过调整兴趣包的发送速率控制拥塞的算法。该算法在网络出现拥塞时，接收方依据"加法增，乘法减"（additive increase multiplicative decrease，AIMD）方式调整发送窗口大小，从而调整接收最大兴趣包的数量，如图 2-10 所示。研究者认为这种算法能够保证网络中流的公平性和带宽共享。

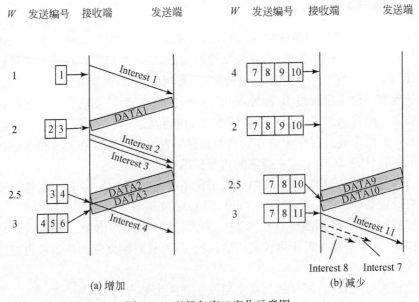

(a) 增加　　　　　　　　　　　　　(b) 减少

图 2-10　兴趣包窗口变化示意图

2. HoBHIS 策略

HoBHIS 策略是一种基于速率的拥塞控制策略,图 2-11 是该算法的示意图。其中,$A(t)$ 为兴趣包的响应时延,$e(t)$ 为 t 时刻队列中分组的数量,r 为缓存队列占用的比例,$C(t)$ 为 t 时刻的有效带宽。假设在没有丢包的情况下,用户向 ICN 广播一个请求包,与之对应数据包的时延为 $A(t)$。$A(t)$ 与 TCP/IP 网络中的往返时延(round-trip time,RTT)不一样,因为 ICN 的路由节点上可能缓存了所需信息,因此 $A(t)$ 是一个变化的值,参数 r 的目标是使缓冲队列的大小快速收敛于 r。当收到与兴趣包相对应的数据包时,路由节点通过当前缓存队列上可用的带宽大小、传输时延计算出兴趣包的整形速率,在一定的程度上可以控制网络拥塞。文献[31]给出了路由队列的占有率、t 时刻整形速率的计算公式。

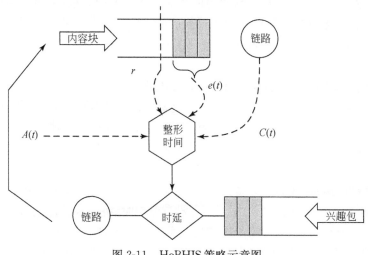

图 2-11　HoBHIS 策略示意图

2.4.3　拥塞控制进展

ICN 中没有"连接"的概念,用户通过发送服务请求(即兴趣包)从服务器/网络获取所需的内容信息。服务器/网络以内容包的形式向发送兴趣包的用户反馈所需信息。为了保持 ICN 的流平衡,每个兴趣包最多获取一个内容包,内容包的大小通常为 4KByte 左右。一般情况下,一个会话需要发送数个、数十个,甚至更多的兴趣包才能完成。若按照发送一个兴趣包,收到内容包,再接着发送下一个兴趣包的方式,则会话服务响应时延较大,严重影响用户体验。因此,如何合理地进行网络拥塞控制成为 ICN 关注的焦点。

在服务器端网络拥塞控制方面,随着互联网用户数量和访问频率的迅速增加,网站中存在丰富的多媒体信息需要客户端和服务器端进行交互,这使得服务器端的服务请求数量增多。在 WWW 服务发展初期,许多服务是基于尽力而为的排队策略,不支持将请求按照优先级分类,只能按照请求到达的时间先后公平对待,且不提供任何服务质量的保证[32]。Bhatti 等[33]提出可以将不同 WWW 请求分成多个优先级进行排序的策略。在排队论中,通过提高短作业、临近截止时间作业的优先级,从而缩短系统平均响应时间,因此,可以通过改变 WWW 请求的优先级来缩短服务器端服务请求的平均响应时间。Harchol-Balter 等[34]在这个想法的基础上通过改进 WWW 服务器的静态请求,优先考虑对小文件或具有短剩余文件的请求,改善了静态超文本传输协议(hypertext transfer protocol,HTTP)请求的服务性能。Biersack 等[35]提出了基于请求大小的调度,提高了平均响应时间,而不会引起不公平或饥饿。随着互联网上信息的爆炸式增长,过载成为 WWW 服务器经常面临的考验。Mohapatra 等[36]利用会话请求之间的依赖关系,提出了动态加权公平调度算法,预防和控制 WWW 服务器的过载。You 等[37]利用多核 CPU 的性能,根据所述动态请求服务的时间分布,提出了一种基于加权公平队列的动态请求调度方法。

在路由节点网络拥塞控制方面,主要依靠路由节点的缓存实现对服务请求的响应。缓存是 ICN 区别于 IP 网络的一个重要特征,其粒度是内容块级别,对上层应用透明。因此,传统 WWW 服务的缓存理论、模型和优化方法不能直接应用于 ICN。Tang 等[38]提出在请求报文中记录沿途缓存节点的状态、对象请求频率等信息,当请求抵达命中节点后,命中节点依据记录的信息,计算出最佳的对象缓存位置及这些位置需要替换的对象集。Tsutsui 等[39]提出依据对象转发历史记录或者通告消息建立路由信息表的方法,当缓存没有命中时,将请求转发给邻节点。文献[9]提出了一个新的 ICN 体系结构,支持内部和外部的选择缓存机制,内部的选择缓存机制依靠内部策略决定哪个内容被缓存;外部处理选择缓存点来改善全局性能。文献[40]考虑一个跨越两极的 ICN 请求转发策略,对已知的节点缓存内容建立路由表,同时采用随机网络探测方法发现未知的节点缓存内容。

在基于主动信息反馈的网络控制方面,ICN 在设计上是一种主机到网络的 pull 式信息访问模式,没有"连接"的概念,所有数据包的获取必须依赖兴趣包的发送。一个会话请求常常需要发送多个独立的兴趣包。在多用户并发请求的情况下,不同会话请求的多个兴趣包会在路由节点、服务器端存在交叉排序等待处理的情况,需要用户、路由节点、服务器端之间的主动信息交互才能更好地实现服务请求调度。因此,很多研究者开始倾向于将 push 技术引入 ICN。Tsilopoulos 等[41]提出一种类似 pull 机制的策略,通过在收到请求数据包之前发送多个兴趣包,以便在后续能够更加及时、快速地获取数据。Kim 等[42,43]利用一种通告机制进行会话,一个节点想要发送 push 请求,首先发送一个通告兴趣包给请求者节点,请求者节点在接到通告后,会向发送 push 请求的节点主动发送一个请求数据的兴趣包,以便该节点将 push 的内容作为数据包发送给请求者,通过两次运用 pull 机制,实现 push 策略。Jacobson 等[44]将待推送的内容作为兴趣包的一部分,直接发送给消费者。Yao 等[45]提出客户端只需要发送一个兴趣包,服务器就能将产生的所有数据返回给客户端,不需要客户端发送后续兴趣包索取后续内容。Dai 等[46,47]提出一种基于兴趣包生命周期的思想,在服务器端和客户端之间保持一个开放的通道,服务器端利用待定兴趣包在收到兴趣包之前生成数据包。

2.5　小　　结

本章分析了 ICN 的基本原理,介绍 ICN 的名字查找技术、ICN 的信息缓存技术、ICN 的路由转发技术以及 ICN 的拥塞控制技术等,为后续内容的研究奠定了基础。

参 考 文 献

[1] Ahsan R,Ahmed R,Boutaba R. URL forwarding for NAT traversal[C]//IFIP/IEEE International Symposium on Integrated Network Management,Ottawa,2015.

[2] 邢文钊. 基于 URL 分类技术的垃圾邮件过滤系统的分析与设计[D]. 北京:北京邮电大学,2013.

[3] Ekambaram V,Sivalingam K M. Interest flooding reduction in content centric networks[C]//IEEE International Conference on High Performance Switching & Routing,Taipei,2013.

[4] 张良,刘敬浩,李卓. 命名数据网络中基于 Hash 映射的命名检索[J]. 计算机工程,2014,(4):108-111.

[5] Wang Y,Xu B,Tai D,et al. Fast name lookup for named data networking[C]//2014 IEEE 22nd International Symposium of Service,Hong Kong,2014.

[6] 任美翠,杨龙祥. 信息中心网络的存储机制研究[J]. 计算机技术与发展,2016,(2):189-194.

[7] Laoutaris N,Syntila S,Stavrakakis I. Meta algorithms for hierarchical web caches[C]//IEEE International Conference on Performance,Computing and Communications,Phoenix,2005.

[8] Laoutaris N,Che H,Stavrakakis I. The LCD interconnection of LRU caches and its analysis [J]. Performance Evaluation,2006,63(7):609-634.

[9] Eum S,Nakauchi K,Murata M,et al. CATT:Potential based routing with content caching for ICN[C]//The Second Edition of the ICN Workshop on Information-Centric Networking,Helsinki,2012.

[10] Cho K,Lee M,Kwon T T,et al. WAVE:Popularity-based and collaborative in-network caching for content-oriented networks[C]//IEEE INFOCOM Workshops,Orlando,2012.

[11] Yang K T,Chiu G M. A hybrid pull-based with piggybacked push protocol for cache sharing [J]. The Computer Journal,2011,54(12):2017-2032.

［12］ Shen H, Xu S H. Coordinated en-route web caching in multiserver networks［J］. IEEE Transactions on Computers, 2009, 58(5): 605-619.

［13］ Lin K Q, Shen H, Chin F, et al. Optimal methods for coordinated enroute web caching for tree networks［J］. ACM Transactions on Internet Technology, 2005, 5(3): 480-507.

［14］ 陈龙, 汤红波, 罗兴国, 等. 基于收益感知的信息中心网络缓存机制［J］. 通信学报, 2016, 37(5): 130-142.

［15］ 吴海博, 李俊, 智江. 基于概率的启发式 ICN 缓存内容放置方法［J］. 通信学报, 2016, 37(5): 62-72.

［16］ 芮兰兰, 彭昊, 黄豪球, 等. 基于内容流行度和节点中心度匹配的信息中心网络缓存策略［J］. 电子与信息学报, 2016, 38(2): 325-331.

［17］ Dan A, Towsley D F. An approximate analysis of the LRU and FIFO buffer replacement schemes［C］//Proceedings of the 1990 ACM SIGMETRICS Conference on Measurement and Modeling of Computer Systems, Boulder, 1990.

［18］ Lee D, Choi J, Kim J H, et al. On the existence of a spectrum of policies that subsumes the least recently used (LRU) and least frequently used (LFU) policies［C］//ACM SIGMETRICS International Conference on Measurement & Modeling of Computer Systems, Atlanta, 1999.

［19］ Ming Z X, Xu M W, Wang D. Age-based cooperative caching in information-centric networks［C］//International Conference on Computer Communication and Networks, Shanghai, 2014.

［20］ Rosensweig E J, Kurose J, Towsley D. Approximate models for general cache networks［C］//IEEE INFOCOM Workshops, San Diego, 2010.

［21］ Pacifici V, György Dán. Content-peering dynamics of autonomous caches in a content-centric network［C］//IEEE INFOCOM Workshops, Turin, 2013.

［22］ 夏春梅, 徐明伟. 信息中心网络研究综述［J］. 计算机科学与探索, 2013, 7(6): 481-493.

［23］ Ahlgren B, Dannewitz C, Imbrenda C, et al. A survey of information-centric networking［J］. IEEE Communications Magazine, 2012, 50(7): 26-36.

［24］ Gritter M, Cheriton D. An architecture for content routing support in the Internet［C］//The 3rd USENIX Symposium on Internet Technologies and Systems, Berkeley, 2001.

［25］ Caesar M, Condie T, Kannan J, et al. ROFL: Routing on flat labels［C］//Proceedings of the 2006 Conference on Applications, Technologies, Architectures and Protocols for Computer Communications, Pisa, 2006.

［26］ Carzaniga A, Khazaei K, Papalini M, et al. Is information-centric multi-tree routing feasible?［C］//Proceedings of the 3rd ACM SIGCOMM Workshop on Information-Centric Networking, Hong Kong, 2013.

［27］ Liu H, de Foy X, Zhang D. A multi-level DHT routing framework with aggregation［C］//Proceedings of the Second Edition of the ICN Workshop on Information-Centric Networking, Helsinki, 2012.

［28］ Rao W, Vitenberg R, Chen L, et al. MTAF: An adaptive design for keyword-based content dissemination on DHT networks［J］. IEEE Transactions on Parallel and Distributed

Systems,2015,26(4):1071-1084.

[29] Tan B,Massoulié L. Optimal content placement for peer-to-peer video-on-demand systems [J]. IEEE/ACM Transactions on Networking,2013,21(2):566-579.

[30] Carofiglio G, Gallo M, Muscariello L. ICP: Design and evaluation of an interest control protocol for content-centric networking[C]//IEEE INFOCOM Workshops,Olando,2012.

[31] Rozhnova N,Fdida S. An effective hop-by-hop interest shaping mechanism for CCN communications[C]//IEEE INFOCOM Workshops,Orlando,2012.

[32] Ye N, Gel E S, Li X, et al. Web server QoS models: Applying scheduling rules from production planning[J]. Computers & Operations Research,2005,32(5):1147-1164.

[33] Bhatti N, Friedrich R. Web server support for tiered services[J]. IEEE Network, 1999, 13(5):64-71.

[34] Harchol-Balter M, Schroeder B, Bansal N, et al. Size-based scheduling to improve web performance[J]. ACM Transactions on Computer Systems,2003,21(2):207-233.

[35] Biersack E W,Schroeder B,Urvoy-Keller G. Scheduling in practice[J]. ACM SIGMETRICS Performance Evaluation Review,2007,34(4):21-28.

[36] Chen H, Mohapatra P. Overload Control in QoS-Aware Web Servers[M]. New York: Elsevier North-Holland,2003.

[37] You G H, Zhao Y. A weighted-fair-queuing (WFQ)-based dynamic request scheduling approach in a multi-core system[J]. Future Generation Computer Systems,2012,28(7): 1110-1120.

[38] Tang X, Chanson S T. Coordinated en-route web caching[J]. IEEE Transactions on Computers,2002,51(6):595-607.

[39] Tsutsui T,Urabayashi H,Yamamoto M,et al. Performance evaluation of partial deployment of breadcrumbs in content oriented networks[C]//IEEE International Conference on Communications,Ottawa,2012.

[40] Chiocchetti R,Rossi D,Rossini G,et al. Exploit the known or explore the unknown: Hamlet-like doubts in ICN[C]//Proceedings of the Second Edition of the ICN Workshop on Information-Centric Networking,Helsinki,2012.

[41] Tsilopoulos C, Xylomenos G. Supporting diverse traffic types in information centric networks [C]//ACM SIGCOMM Workshop on Information-Centric Networking, Toronto,2011.

[42] Kim J,Jang M W,Bae Y,et al. Named content sharing in virtual private community[C]// IEEE Consumer Communications & Networking Conference,Las Vegas,2012.

[43] NDN Project Team. Named data networking: A future internet architecture[EB/OL]. http:// named-data. net[2018-7-18].

[44] Jacobson V,Smetters D,Briggs N,et al. VoCCN: Voice-over content-centric networks[C]// The 2009 Workshop on Re-Architecting the Internet,Rome,2009.

[45] Yao C F,Fan L Y,Yan Z F,et al. Long-term interest for realtime applications in the named

data network[C]//The Asia Future Internet Forum, Kyoto, 2012.

[46] Dai H C, Liu B, Chen Y, et al. On pending interest table in named data networking[C]//
ACM/IEEE Symposium on Architectures for Networking and Communications Systems,
Austin, 2012.

[47] Virgilio M, Torino P D, Marchetto G, et al. PIT overload analysis in content centric
networks[C]//ACM SIGCOMM Workshop on Information-Centric Networking, Hong
Kong, 2013.

第3章 基于名字拆分的查找策略

3.1 引　言

随着网络信息量的爆炸式增长,网络应用的主体已由硬件共享转变为信息的共享。以 TCP/IP 为核心的网络模型在安全性、移动性以及用户需求等方面产生诸多问题,由此,ICN 被提出并成为未来网络体系的研究热点[1-4]。ICN 直接把内容作为网络处理的基本对象。与 TCP/IP 网络最主要的区别是,ICN 实现了内容与地址、可访问性与安全性的分离。并且,ICN 基于名字的最长前缀匹配(longest prefix match,LPM)实现兴趣包的转发。因此,构建有效平稳的名字查找方法是 ICN 的关键技术之一。

由于名字查找本身具有的特殊性,ICN 的 LPM 名字查找成为一项富有挑战性的研究[5]。与固定长度的 IP 地址相比,ICN 的名字可变且没有限制。相比由 0、1 组成的 IP 地址查找,ICN 名字具有分层结构和粗粒度特性,使得基于名字的查找相对复杂,并且 ICN 中最长前缀匹配不同于 IP 网络,名字匹配必须是字符串。因此,传统的前缀匹配算法在 ICN 中效率低下。ICN 名字路由表的规模比 IP 路由表大 2~3 个数量级。因此,需要使用有效的数据结构存储名字路由表以减少路由表占用的存储空间。减少存储空间不仅有利于降低路由节点的成本,还有利于提高查找速度。ICN 中名字查找伴随着频繁的 FIB 更新,因此,名字查找必须支持快速插入与删除。

面对以上挑战,设计平稳有效的数据结构实现 FIB 是 ICN 的一项关键工作。一个有效的数据结构应该具有查找快速、更新平稳以及转发正确等特性。由于计数布鲁姆过滤器(counting Bloom filter,CBF)是一个空间有效的数据结构,许多研究者提出了基于 CBF 的名字查找策略[5,6]。然而,现有的基于 CBF 的查找策略存在较高的假阳性,会造成数据的错误转发。基于树型结构的名字查找策略[6,7]是另一种广受关注的典型结构。该结构具有较高的灵活性,适合 ICN 的变长名字[8]。通过分析 ICN 内容名字的特点,可发现内容名字具有以下两个特点:①名字长度相对均匀,包含较多组件的名字出现概率较低;②不同名字会有相同的组件重复出现。针对以上两个特点,借鉴拆分字典树思想[9]实现对内容名字的拆分,本书设计了基于名字拆分(split the name into basis and suffix,SNBS)的查找策略。SNBS将名字拆分成 Basis 和 Suffix 两部分,利用 CBF 和位图树的混合结构实现了快速

而准确的名字查找。另外，本书中引入相关性验证机制，确保 Basis 级组件之间的
关联性。该机制的引入减少了由 CBF 带来的假阳性问题。

3.2　名字查找策略

3.2.1　拆分模型

定义 3-1　假设给定的名字前缀集合为 N，那么集合中最长的一个前缀记为
LPM(N)。

定义 3-2　假设给定 FIB 和拆分位置 P，则 FIB 在位置 P 处拆分成两部分，即
FIB_1 和 FIB_2（$FIB \xrightarrow{P} FIB_1 + FIB_2$），对于每一个待查找名字或前缀 Name 都在位置
P 处拆分成 Basis 和 Suffix 两级，即 $Name \xrightarrow{P} Basis + Suffix$，名字查找的目的就是在
FIB 中找到匹配的转发端口，待查找的名字最长前缀匹配由式（3-1）决定：

$$Prefix = LPM(S_1 \bigcup S_2) = \begin{cases} LPM(S_1), & Suffix = \varnothing \\ t_1 \bigcup LPM(S_2), & Suffix \neq \varnothing \end{cases} \tag{3-1}$$

其中，$S_1 = \{t \mid t \in FIB_1 \text{ 且 } t \leqslant Basis\}$；$S_2 = \{t \mid t \in FIB, t \xrightarrow{P} t_1 + t_2, \text{ 且 } t_1 = Basis, t_2 \leqslant Suffix\}$。需要注意的是，$t_i \leqslant x$ 表示 t_i 的组件数不会超过名字 x 的组件数。经过
名字拆分后，相同数据的冗余存储有效减少，尽管需要哈希表联系 Basis 和 Suffix，
不过哈希表的规模较小，额外的存储开销可控。

3.2.2　SNBS 框架

经过拆分后，名字可以聚合，Basis 的前缀数目有效减少，这在一定程度上降低
了假阳性问题。因此，本书采用 CBF 和位图树相结合的查找策略。在 SNBS 中，
以拆分模型为标准，将 FIB 分成 FIB_1 和 FIB_2，则每一个待查找的名字也将分成
Basis 和 Suffix 两级，分别在 FIB_1 和 FIB_2 进行查找。然后将两者的查找结果结合
起来。换句话说，名字的 Basis 部分形成 FIB_1，Suffix 部分形成 FIB_2。为了实现拆
分模型，需要考虑三个问题：①如何实现 Basis 的查找；②如何实现 Suffix 的查找；
③如何将两者的查找结果结合起来。

根据拆分模型的定义，可知 FIB_1 是 FIB 的子集，对于 Basis 的查找结果存在于
FIB_1。FIB_1 通过 CBF 的数据结构进行表示。同样，FIB_2 也是 FIB 的子集。FIB_2 通
过位图树结构进行表示，该结构可以满足名字的变长特性。Basis 和 Suffix 两者的
查找结果通过哈希表联系在一起。哈希表除了具有查找 Suffix 位置的功能外，还
具有查找转发端口以及降低假阳性边界的功能。

SNBS 结构如图 3-1 所示，与不同长度的前缀分组存储在相应 CBF 的方法不

同,SNBS 是将 Basis 拆分为单个组件,然后,每个组件存储于一个 CBF 中,其中,CBF 采用段结构[10,11]。SNBS 满足 Basis 级单个组件的并行查找。Suffix 级则使用位图树结构存储。换句话说,CBF 对应的计数器会相应增加或者减少 1,其所对应的位图树也会通过将两种位图置 0 或 1 的方式进行更新[6,12]。

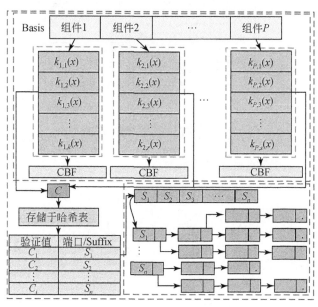

图 3-1　SNBS 结构

3.2.3　组件间相关性验证机制

在 Basis 结构中,并行 CBF 查找是非常有效的。然而,Basis 级组件之间进行了拆分。为了确保各组件之间的原始顺序,引入相关性验证机制判断 Basis 组件之间的原始关系。当名字的前缀同时出现在 CBF 和哈希表中,则该机制认为名字的 Basis 部分是存在的。具体的检验方法是采用基于哈希加权方式。在检验机制中,不同的哈希函数分配不同的权重值。单个组件对应的验证值 c_i 是由该组件对应的 CBF 中各哈希函数产生的。其中,哈希值与所分配权重值的积作为组件验证值的 c_i 分值。对于 Basis,假设并行 CBF 数量为 P,第 i 个 CBF 的大小为 m_i,第 i 个 CBF 中含有的哈希函数集合为 $K_i = \{k_{i,1}, k_{i,2}, \cdots, k_{i,l}\}$,因此,第 i 个 CBF 包含 $|K_i|$ 个独立的哈希函数,这里 $m_i \geqslant |K_i|$。基于段形式哈希函数范围描述如图 3-2 所示。Basis 占整个名字的比例为 u,x_i 是名字 x 的第 i 个组件。x_i 的第 j 个哈希值是由第 i 个 CBF 的第 j 个哈希函数计算得到的,表示为 $k_{i,j}(x_i)$。哈希函数是遵循均匀分布的随机变量。

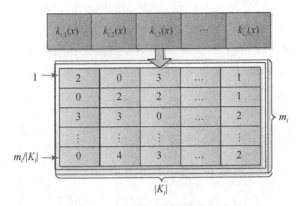

图 3-2   基于段形式的哈希函数范围

Basis 中第 i 个组件的验证值表示为

$$c_i = \sum_{j=1}^{|K_i|} 2^{-uj} k_{i,j}(x_i) \qquad (3\text{-}2)$$

其中，$c_i \in \left[\dfrac{1}{2^u-1}\left(1-\dfrac{1}{2^{u|K_i|}}\right), \dfrac{m_i}{|K_i|(2^u-1)}\left(1-\dfrac{1}{2^{u|K_i|}}\right) \right]$。

名字 x 的验证值表示为

$$C_w = \sum_{i=1}^{w} c_i \qquad (3\text{-}3)$$

其中，$C_w \in \left[\dfrac{1}{2^u-1}\sum_{i=1}^{w}\left(1-\dfrac{1}{2^{u|K_i|}}\right), \sum_{i=1}^{w}\dfrac{m_i}{|K_i|(2^u-1)}\left(1-\dfrac{1}{2^{u|K_i|}}\right) \right]$。

式(3-3)中，w 表示名字 x 的组件数目并且 $w \leqslant P$。由于 CBF 的大小不同，本书没有合并 c_i 的范围，将经过计算得出的验证值添加到哈希表中。通过验证值，该策略可以找到对应的 Suffix 或者转发端口。

3.2.4   名字查找

在 SNBS 中，查找分为两种情况。第一种是前缀长度小于等于 P 的情况，查找只在 Basis 中，由 CBF 处理。第二种是前缀长度大于 P 的情况，查找将在两级名字前缀中进行。具体查找过程如算法 3-1 所示。

算法 3-1 首先将给定的名字分成两部分 x^B 和 x^S。在 Basis 级中，将第 i 个组件的验证值初始化为 0。然后将 Basis 中的组件使用每个组件对应的 $|K_i|$ 个哈希函数进行并行查找。数组 B_v 记录了组件的有效验证值。如果第 j 个计数器的值为 0，则名字的最长前缀长度小于 i。在哈希计算过程中，变量 y 记录了存在计数器值为 0 的 CBF 最小下标。如果第 j 个计数器值不为 0，则计算验证值 c。由于栈中元素从小到大进行存储，利用栈可以获得对应的最长前缀匹配，如算法 3-1 中第

18～27 行所示。当 y 的值大于或者等于 P 时,还没有出现计数器为 0 的情况,此时将会查找哈希表,找到 Basis 对应的 Suffix 级。通过查找 Suffix,找到对应的转发端口,具体的过程如算法 3-1 中第 22～24 行所示。算法 3-1 第 3～10 行中,通过迭代产生了验证值 c。此外,算法 3-1 中,Basis 级组件的验证值检查了两次。也就是说,只有组件存在于 CBF 和哈希表中,该前缀才是存在的。通过该种方法,有效降低了假阳性边界问题。

算法 3-1　名字查找(输入:条目 x)

1	拆分条目 x 为 x^B,x^S 两部分	15	将 c 进栈
2	对于 x^B 中的每个组件 do	16	$c=c+B_v[i]$
3	$\quad c=0,y=P+1$	17	end for
4	$\quad$for$(j=1;j\leqslant|K_i|;j++)$do	18	if(如果栈为空)
5	$\qquad l=k_{i,j}(x_i)$	19	$\quad$返回默认的端口
6	$\qquad$if(CBF$[l]=0$ 并且 $y>i$)	20	else if
7	$\qquad\quad y=i$	21	$(y\leqslant P)$
8	$\qquad\quad$break;	22	$\quad$取栈顶元素 c
9	$\qquad$end if	23	$\quad$通过 c 计算哈希值获得转发端口
10	$\qquad c=c+l/2^{wj}$	24	$\quad$返回转发端口
11	$\quad$将 c 赋值给 $B_v[i]$	25	else
12	$\quad$end for	26	$\quad$查找 Basis 对应的 Suffix 级
13	将 $B_v[1]$ 赋值给 c	27	$\quad$返回转发端口
14	for$(i=1;i<y;i++)$	28	end if

当进行名字匹配时,由于名字在位置 P 处被分成两部分 Basis 和 Suffix,其中,Basis 级将每个组件与一个 CBF 关联,这 P 个 CBF 可以实现名字的并行查找,这种并行的查询方式是很有效的。为了确定 Suffix 的位置,使用哈希表存储两者之间的关联,哈希表中 Basis 字段存储的是 Basis 对应的相关性验证值,通过查找验证值来确定 Suffix 位置,进而实现两种混合结构的查找,如图 3-3 所示。

3.3　更 新 机 制

SNBS 提供了一种灵活的存储更新过程,当一条新的条目插入或者旧的条目删除时,就会触发更新过程。SNBS 更新操作包括名字的插入和删除操作。由于 ICN 的命名采用分层结构,许多不同的名字共享相同的 Basis 概率很大,因此,不同 Basis 存储的数目就会减少,这使得 CBF 更新的可能性减少。由于 SNBS 采用

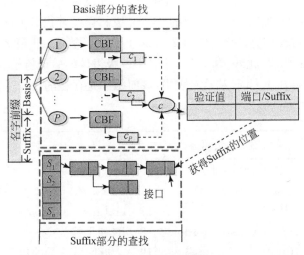

图 3-3 名字匹配流程

了拆分技术,Basis 的数目会大大减少,这使得 CBF 更新的可能性下降。算法中每个 CBF 大小可以不同,含有的哈希函数也可以不同。因此,可以依据名字前缀的数目修改 CBF 的大小。

3.3.1 条目插入

算法 3-2 描述了 SNBS 的插入机制。当一个条目插入 SNBS 时,存在两种情况。第一种情况下,如果名字的最长前缀匹配 t 的长度小于拆分位置 P,则首先需要更新 Basis。通过将对应的 CBF 中计数器加 1 进行更新。该更新操作通过计算组件的哈希值执行。然后,通过基于加权的方式产生验证值。最后,将 Basis 部分对应的验证值插入哈希表中,该部分对应算法 3-2 的第 3～7 行。此时,如果 x^S 存在,将会继续更新位图树。首先为 Basis 对应的 Suffix 部分分配根节点,然后通过置 1 操作将位图树中对应的位进行更新[6,12],如算法 3-2 的第 8～10 行所示。第二种情况下,名字的最长前缀匹配 t 的长度大于等于拆分位置 P,则只需更新位图树而不需要对 CBF 进行任何操作。换句话说,就是 Basis 部分已经存在,该部分对应算法 3-2 中的第 12～13 行。

算法 3-2 条目插入(输入:条目 x)

1	拆分条目 x 为 x^B,x^S 两部分
2	获取 x^B 的最长前缀 t
3	if(len$(t)<P$ 并且 $t! = x^B$ 中组件的个数)

4	$l=k_{i,j}(x_i)$
5	CBF$(l)++$
6	$c=c+l/2^{wj}$
7	将验证值 c 插入哈希表中
8	if$(x^S! =$null$)$
9	定位新分配的根节点 S
10	通过将相应的位置 1 的方式更新位图树
11	else
12	定位包含当前插入部分的叶子节点
13	通过将相应的位置 1 的方式更新位图树
14	end if

3.3.2　条目删除

算法 3-3 描述了 SNBS 的删除机制。与插入机制类似,当 SNBS 中有条目删除时,同样也存在两种情况。第一种情况下,当待查名字的最长前缀 t 小于拆分位置 P 时,将 CBF 对应的计数器减 1。该操作通过计算组件对应的哈希值得到计数器位置。之后,从哈希表中删除该组件对应的验证值,对应算法 3-3 的第 3~7 行。如果验证值有对应的 Suffix 存在,那么位图树中也需要执行删除操作。该部分操作通过将位图树中对应的位置 0 执行,对应算法 3-3 的第 8~9 行。第二种情况下,待查找名字的最长前缀 t 大于拆分位置 P。首先,将位图树中对应的位置置 $0^{[6,12]}$。由于名字的聚合,CBF 的删除操作需要考虑不同 Suffix 可能共享相同的 Basis。因此,当删除 x^S 后,若位图树为空,则删除对应的 CBF,对应算法 3-3 的第 13~18 行。

算法 3-3　条目删除(输入:条目 x)

1	拆分条目 x 为 x^B,x^S 两部分
2	获取 x^B 的最长前缀 t
3	if$(t<P)$
4	$l=k_{i,j}(x_i)$
5	CBF$[l]--$
6	$c=c+l/2^{wj}$
7	将验证值 c 从哈希表中删除
8	if$(x^S! =$null$)$

9	通过将相应的位置 0 的方式更新位图树
10	else
11	通过将相应的位置 0 的方式更新位图树
12	if(位图树为空)
13	$l = k_{i,j}(x_i)$
14	CBF$[l]--$
15	$c = c + l / 2^{uj}$
16	将验证值 c 从哈希表中删除
17	end if

3.4　假阳性分析

基于名字长度分组的 CBF 查找策略将所有名字前缀按照长度的不同存储在不同的过滤器中。显然,当 $|K_i| = (m_i / n_i) \ln 2$ 时,CBF 的假阳性取得最小值$(1/2)^{|K_i|}$ [13]。其中,n_i 表示第 i 个 CBF 中名字的数目。假设 SNBS 第 i 个 CBF 的假阳性概率是 f_i。显然,当 $|K_i| = (m_i / n_i) \ln 2$ 时,f_i 取得最小值$(1/2)^{|K_i|}$。n 表示名字前缀的数量。F_{c_i} 表示包含 i 个组件的名字前缀的验证值的冲突概率。由于引入了相关性验证机制,因此,SNBS 的第 i 个 CBF 前缀匹配的假阳性概率 f_{CBF_i} 为

$$f_{\text{CBF}_i} = f_1 f_2 \cdots f_i F_{c_i}, \quad \forall i \in \{1, 2, \cdots, P\} \tag{3-4}$$

一个组件对应 CBF 产生的分值 c_i 的数学期望为

$$E(c_i) = \frac{1}{2}\left(\frac{1 + m_i / |K_i|}{2^u - 1}\right)\left(1 - \frac{1}{2^{u|K_i|}}\right) \tag{3-5}$$

c_i 的方差为

$$V(c_i) = \frac{1}{12}\left(1 - \frac{1}{2^{u|K_i|}}\right)^2\left(\frac{m_i / |K_i| - 1}{2^u - 1}\right)^2 \tag{3-6}$$

验证值 c_i 表示 i 个独立随机变量的和,根据中心极限定理[12],Basis 部分的验证值 c_i 服从正态分布:

$$c_i = N(\alpha, \beta) \tag{3-7}$$

其中

$$\alpha = \sum_{j=1}^{i} \frac{1}{2}\left(\frac{1 + m_j / |K_j|}{2^u - 1}\right)\left(1 - \frac{1}{2^{u|K_j|}}\right)$$

$$\beta = \sum_{j=1}^{i} \frac{1}{12}\left(1 - \frac{1}{2^{u|K_j|}}\right)^2\left(\frac{m_j / |K_j| - 1}{2^u - 1}\right)^2$$

相比文献[13],本书 F_{c_i} 的上界为

$$F(c_i) = \sum_{i=1}^{n} c_i \leqslant p\left[E(c_i) - \frac{n}{2} \leqslant c_i \leqslant E(c_i) + \frac{n}{2}\right]$$

$$= p\left[-\frac{n}{2\delta} \leqslant \frac{c_i - E(c_i)}{\delta} \leqslant \frac{n}{2\delta}\right]$$

$$= 2\Phi\left(\frac{n}{2\delta}\right) - 1$$

$$= 2\Phi\left(\frac{n}{2\sqrt{\sum_{j=1}^{i} \frac{1}{12}\left(1 - \frac{1}{2^{u|K_j|}}\right)^2 \left(\frac{m_j / |K_j| - 1}{2^u - 1}\right)^2}}\right) - 1 \quad (3\text{-}8)$$

其中,$\Phi(\cdot)$ 为标准正态分布函数;δ 为标准差,即满足 $\delta^2 = \beta$。

对于 SNBS 的最长前缀匹配,SNBS 的假阳性概率 f_{SNBS} 为

$$f_{\mathrm{SNBS}} \leqslant 1 - \prod_{j=1}^{P} (1 - f_{\mathrm{CBF}_j}) \quad (3\text{-}9)$$

再进一步,有

$$f_{\mathrm{SNBS}} \leqslant \sum_{j=1}^{P} f_{\mathrm{CBF}_j}$$

$$= \sum_{j=1}^{P} (f_1 f_2 \cdots f_j F_{c_j})$$

$$= \sum_{j=1}^{P} \frac{1}{2^{|K_1|+|K_2|+\cdots+|K_j|}} F_{c_j}$$

文献[13]中假阳性概率为

$$f_{\mathrm{SNBS}} \leqslant \sum_{j=1}^{P} \left(\frac{1}{2^{|K_j|}}\right) \quad (3\text{-}10)$$

由式(3-9)和式(3-10)可知,当存储空间和集合元素个数相同时,SNBS 假阳性概率的边界低于文献[13]的边界。

3.5　仿真与性能评价

本节通过与 BH(Bloom-Hash)[13] 及 HT(Hash table)[14] 两种查找策略对比,在存储开销、查找速度以及更新性能方面评估 SNBS 的性能。仿真实验采用 C++语言实现了 BH、HT 及 SNBS 三种策略。仿真环境为 2.8GHz Intel 双核处理器,4GB 的 DDR3 内存。在仿真实验中,名字的数目为 1M～10M,CBF 的数目为 5,每个 CBF 使用 6 个哈希函数。根据文献[13],P 的值设置为 5。仿真实验从 Blacklist 获取域名信息,并从网络中抓取了大量的 URL,建立仿真数据集。对于每个名字,随机分配了转发端口。名字中组件的个数均匀地分布为 2～7 个。

1. 存储开销

图 3-4 显示了随着名字数目增加时,各个名字查找策略的内存占用情况。可以看出各个查找策略占用的内存都随着名字前缀数目的增加而增加。BH 的存储开销较小,HT 的存储开销在 SNBS 和 BH 之间,SNBS 的存储开销最大。在平均存储开销方面,SNBS 仅比 BH 多 18.79%,比 HT 多 5.87%。值得注意的是,相关性验证机制使用哈希表存储 Basis 的真实验证值,而不是使用 CBF 中的哈希值。该机制在加快查找速度的同时,也增大了存储开销。然而,选择合适的拆分位置 P 可以优化内容开销情况。

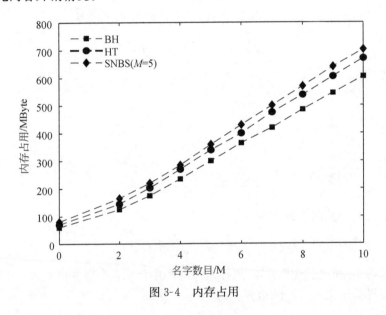

图 3-4　内存占用

2. 查找时间消耗

为了获得平均查找时间,仿真实验中每次输入 100k 个名字,以获得总的查找时间。通过总的查找时间,获取平均查找时间。图 3-5 展现了三种策略查找时间的对比。可以看出,SNBS 需要查找时间较小,这是由于 BH 和 HT 需要处理大量的冲突。在 SNBS 中,Basis 中各组件之间可以并行处理,它的长度相比整个名字更短。另外,基于加权的验证值可以在一定程度上减少冲突。BH 的平均查找时间是 $1.19 \sim 1.27 \mu s$,每秒可以处理名字数目为 787k~840k。HT 的平均查找时间是 $1.04 \sim 1.23 \mu s$,每秒可以处理名字数目为 813k~961k。SNBS 的平均查找时间为 $0.87 \sim 1.07 \mu s$,每秒可以处理名字数目为 935k~1149k。也就是说,SNBS 以内存消耗相换取查询速度的提高。

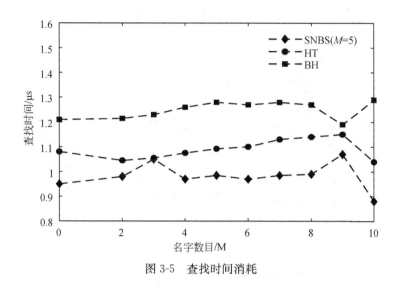

图 3-5 查找时间消耗

更新性能包括名字的插入与删除。通过每次增加 100k 个新名字,得到在不同名字规模下,BH、HT 以及 SNBS 三种策略的插入时间对比,如图 3-6 所示。BH 的平均插入时间为 $4.35\sim6.48\mu s$,相当于每秒插入 154k$\sim$230k 个名字前缀。HT 的平均插入时间为 $2.82\sim6.03\mu s$,相当于每秒插入 166k$\sim$355k 个名字前缀。SNBS 的平均插入时间为 $3.65\sim4.94\mu s$,为每秒插入 203k$\sim$274k 个名字前缀。此外,从图 3-6 中可以看出,SNBS 具有更加平稳的插入过程。

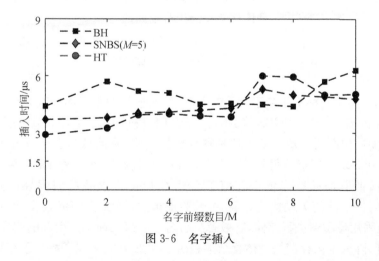

图 3-6 名字插入

仿真实验通过每次删除 100k 个名字,测量了 HT、BH 以及 SNBS 的删除性能,如图 3-7 所示。可以看出,BH 的平均删除时间是 $2.24\sim2.35\mu s$,可以每秒删除 425k～446k 个名字前缀。HT 的平均删除时间为 $1.11～1.34\mu s$,可以每秒删除 746k～900k 个名字前缀。SNBS 的平均删除时间为 $1.31～1.75\mu s$,可以每秒删除 571k～763k 个名字前缀。

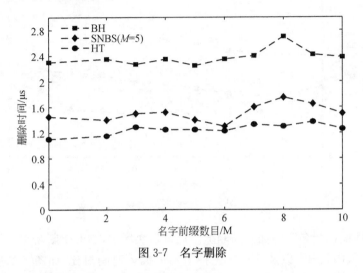

图 3-7　名字删除

可以看出,SNBS 的更新性能总体上高于 BH,这主要是由于名字拆分使名字变成两部分,减少了 CBF 的更新频率。而相关性验证机制的引入,增加了更新时间,因此,相比 HT,SNBS 在更新时间上有所增加。但是,相关性验证机制的引入降低了假阳性概率的边界。总体来说,仿真结果表明 SNBS 能够获得较快的查找速度和更平稳的更新性能,但其存储开销相对较大。

3.6　小　　结

本章提出了一种基于名字拆分的 ICN 名字查找策略 SNBS,以提高 ICN 数据包的查找和转发性能。SNBS 将 FIB 拆分成 FIB_1 和 FIB_2。其中,FIB_1 使用 CBF 存储,FIB_2 使用位图树表示。基于这种混合数据结构,将信息名字在位置 P 处拆分成 Basis 和 Suffix 两级。另外,不同于原始 CBF 查找,SNBS 将 Basis 级分成单个组件,并按照其原始顺序依次存储于 CBF 中以减少查找的假阳性。为了保证 Basis 中组件之间的关联性,引入相关性验证机制,降低了 CBF 发生冲突的概率。Suffix 级采用位图树进行存储,有效解决了名字前缀长而不定引起的问题,加快了查找速度,降低了内存消耗。仿真结果表明,SNBS 方案实现了相对平稳的更新性能并且具有较快的查找速度。

参 考 文 献

[1] Ahlgren B, Dannewitz C, Imbrenda C, et al. A survey of information-centric networking[J]. IEEE Communications Magazine, 2012, 50(7):26-36.

[2] Jacobson V, Smetters D, Thornton J, et al. Networking named content[J]. Communications of the ACM, 2012, 55(1):117-124.

[3] 吴超, 张尧学, 周悦芝, 等. 信息中心网络发展研究综述[J]. 计算机学报, 2015, 38(3): 455-471.

[4] 孙彦斌, 张宇, 张宏莉. 信息中心网络体系结构研究综述[J]. 电子学报, 2016, 44(8): 2009-2017.

[5] Dai H C, Lu J Y, Wang Y, et al. BFAST: High-speed and memory-efficient approach for NDN forwarding engine[J]. IEEE/ACM Transactions on Networking, 2017, 25(2):1235-1248.

[6] Quan W, Xu C Q, Vaslakos A V, et al. TB2F: Tree-bitmap and Bloom-filter for a scalable and efficient name lookup in content-centric networking[C]//2014 IFIP Networking Conference, Trondheim, 2014.

[7] Li D G, Li J M, Du Z. An improved trie-based name lookup scheme for named data networking[C]//IEEE Symposium on Computers and Communication, Messina, 2016.

[8] 权伟. 未来网络资源命名与分发机理研究[D]. 北京:北京邮电大学, 2014.

[9] Li Y B, Zhang D F, Huang K, et al. A memory-efficient parallel routing lookup model with fast updates[J]. Computer Communications, 2014, 38(1):60-71.

[10] Bin X, Yu H. Using parallel Bloom filters for multiattribute representation on network services[J]. IEEE Transactions on Parallel & Distributed Systems, 2009, 21(1):20-32.

[11] 周舟, 付文亮, 嵩天, 等. 一种基于并行 Bloom Filter 的高速 URL 查找算法[J]. 电子学报, 2015, 43(9):1833-1840.

[12] Eatherton W, Varghese G, Dittia Z. Tree bitmap: Hardware/software IP lookups with incremental updates[J]. ACM SIGCOMM Computer Communication Review, 2004, 34(2): 97-122.

[13] Dharmapurikar S, Krishnamurthy P, Taylor D E. Longest prefix matching using Bloom filters[J]. IEEE/ACM Transactions on Networking, 2006, 14(2):397-409.

[14] So W, Narayanan A, Oran D, et al. Toward fast NDN software forwarding lookup engine based on Hash tables [C]//Proceedings of the Eighth ACM/IEEE Symposium on Architectures for Networking and Communications Systems, Austin, 2012.

第4章　基于请求内容关联性的预缓存策略

4.1　引　　言

随着互联网技术与应用的不断发展,传统以主机为中心的设计思想很难满足当今网络服务发展的需求。由此,ICN 被提出并成为研究的代表。根据思科公司报告,2021 年,移动用户、智能手机、物联网以及移动视频等内容相关流量将是2016 年流量的 7 倍[1]。因此,实现高效缓存策略对提升网络性能至关重要。

ICN 最初设计的缓存策略是内容沿途全部缓存(cache everything everywhere,CEE)方式[2]。该种缓存策略对于缓存的内容不加选择,造成网络中各节点之间缓存了大量相同内容,无法发挥缓存的效用。为了提高缓存的应用价值,研究者开展了一系列工作,例如,把内容流行度作为内容缓存的依据,将内容的流行度与内容的放置问题有机结合在一起[3]。随着视频流量的逐年上升,用户在请求所需文件的一部分内容块后,为了获取完整的内容,必然会请求另一部分内容块。因此,将请求内容的关联性纳入缓存系统,将会起到事半功倍的作用。

本章从实际用户请求关联性出发,提出一种基于请求内容关联性的预缓存策略(pre-caching strategy based the relevance of requested content,PCSRC),即通过用户发起请求的内容块,缓存同一内容的后续内容块。通过设置缓存内容的基本逗留时间(sojourn time,ST),以防止无限制占用缓存空间,并根据内容的活跃度逐级将缓存内容推送至网络边缘,提高缓存系统的整体性能。

4.2　PCSRC 方案

将 ICN 模型定义为无向图 $G=(V,E)$,其中 $V=\{v_1,v_2,\cdots,v_w\}$ 为网络节点集合,下标 w 是指网络节点的个数,E 是节点间边的集合,$e_{i,j}=(v_i,v_j)\in E$ 表示节点 v_i、v_j 之间没有方向的链路。网络中内容集为 $O=\{O_1,O_2,\cdots,O_k,\cdots,O_M\}$,其中 M 表示网络中内容的数量,一个内容 O_k 被划分成 n_k 块,记为 $O_k=\{O_{k,1},O_{k,2},\cdots,O_{k,i},\cdots,O_{k,n_k}\}$,即

$$|O_k|=\sum_{i=1}^{n_k}|O_{k,i}| \tag{4-1}$$

其中，$|O_{k,i}|$ 表示对应内容块的大小。分块的内容名字采用分块所属内容的名字与该分块在该内容中相对位置号构成，即内容名字＝内容块所属内容名字＋该内容的相对位置，内容名字是唯一可以用来区分各个分块的凭证。这里假设有足够的带宽支持内容包的转发。

4.2.1　内容局部活跃度

为了体现内容请求的动态性和局部性，采用滑动窗口机制对内容局部活跃度（local activity of content chunk，LACC）进行动态计算与更新，兼顾内容对象历史请求的热度和当前的"新颖度"。

定义 4-1　（内容局部活跃度）　用户第 $x+1$ 次请求内容 $O_{k,i}$ 的时刻为 t_{x+1}，与该时刻相关滑动窗口内内容的被请求次数称为内容局部活跃度。

$$A_{O_{k,i}}(t_{x+1}) = \sum_{j=1}^{K-1} \lambda_{O_{k,i,j}} + \lambda_{O_{k,i}}(t_{x+1}) \tag{4-2}$$

其中，K 为滑动窗口的宽度，即时间窗口由 K 个时长为 T 的时隙构成；$\lambda_{O_{k,i,j}}$ 表示滑动窗口中第 j 个时隙 T_j 内 $[(j-1)\times T, j\times T]$ 内容 $O_{k,i}$ 被访问的请求次数，也就是即时流行度；$\lambda_{O_{k,i}}(t_{x+1})$ 表示内容 $O_{k,i}$ 在时间区间 $[(K-1)T, t_{x+1}]$ 的请求次数。当用户请求到达时，更新 LACC，如图 4-1 所示。

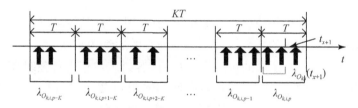

图 4-1　局部内容活跃度

式（4-2）中没有考虑请求内容的新颖性，即滑动窗口内不同时隙的请求频度对当前时刻请求次数的影响。为此，引入权值参数 γ，则可得

$$A_{O_{k,i}}(t_{x+1}) = \sum_{j=1}^{K-1} \frac{1}{\gamma^{K-j}} \lambda_{O_{k,i,j}} + \lambda_{O_{k,i}}(t_{x+1}), \quad \gamma > 1 \tag{4-3}$$

可以看出，滑动窗口中靠前的时隙对于 LACC 的影响较小，靠后的时隙对 LACC 的作用较大。参数 γ 降低了历史请求对 LACC 的影响，既保证了历史请求信息对当前信息的影响，又保证了请求的新颖性，使得 LACC 更加真实地反映当前的结果。

4.2.2 包结构

为了区分由用户发起的报文和预缓存的报文,PCSRC 分别将其称作兴趣包(interest packet)、预缓存兴趣包(pre-cache interest packet)、数据包(data packet)和预缓存数据包(pre-cache data packet),具体格式如图 4-2 所示。

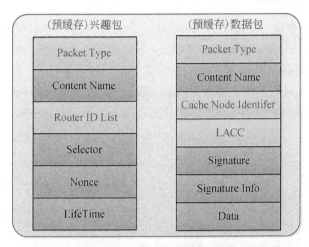

图 4-2 (预缓存)兴趣包和(预缓存)数据包的格式

这里预缓存兴趣包与预缓存数据包表示用于执行预缓存操作的包,该预缓存数据包是由与用户请求的内容块属于同一内容的后续内容块封装成的包,即用户请求 $O_{k,i}$,则将内容 O_k 所属的 $O_{k,i+1}\cdots O_{k,n_k}$ 内容封装成包进行预缓存。为了区分预缓存和用户请求的包,PCSRC 在包中增加 Packet Type 字段,该字段可以有效地控制预缓存数据包的无效转发,减少后续路由器的负载。

由于 ICN 中没有相应的请求数据包,也就是说在 PIT 中没有该条记录,路由节点将会很快被删除,达不到预缓存的效果。为此,引入人造兴趣包产生器(synthetic interest generator,SIG)产生兴趣包[4]。此时,若预缓存的内容已经放置在用户边缘路由器 v_i 到 CSS 形成的路径 l_{io} 中,即 $l_{io}=(e_{i,i+1},e_{i+1,i+2},\cdots)$。此时,CSS 将收不到该兴趣包,同时路径 l_{io} 中各路由器将不会重复缓存该数据包。

为了实现上述情况,需要考虑两个问题:①如何感知兴趣包经过的路径,让数据包(预)缓存在 l_{io} 路径上;②(预)缓存的内容将会占用 CS 的存储空间,如何合理地设置(预)缓存内容在 CS 中的逗留时间。为了解决第一个问题,在兴趣包添加路由 ID 列表(router ID list,RIL)字段。该字段表示用户发起的兴趣包到 CSS 所经过的路由器层级号集合。兴趣包每经过一跳路由,就会将路由器 ID 添加到 RIL 中。此外,在数据包和预缓存数据包中添加缓存节点标识(cache node identifier,

CNI)字段。CNI 用于标识数据包将缓存在哪个位置。这里,CNI 有两个作用:
①CSS通过该字段将内容(预)缓存到对应的路由节点上,该字段对应的是节点在
该条路径上的路由器层级号;②在用户请求时,通过捕捉流行度的变化,设置该字
段为 0 或者−1。当下一跳节点收到该数据包时,检查 CNI 字段。当该字段为 0
后,就会缓存该内容。若为−1,表示该路由器只需要转发而不需要缓存该内容。
为了解决第二个问题,添加了 LACC 字段,LACC 表示该内容对应的局部活跃度,
用于存储位置下移和缓存时间的计算。

在路由节点 v_i 收到关于内容 $O_{k,i}\cdots O_{k,n_k}$ 的(预)数据包时,首先查找 PIT,如果
表中没有该数据,则 v_i 将会丢弃 $O_{k,i}\cdots O_{k,n_k}$;如果该条目在 PIT 中存在,则将会查
看 Packet Type 字段。如果包的类型属于数据包,则核对 CNI 字段。如果 CNI 字
段值为 0,节点根据 LACC 计算逗留时间。之后将该内容缓存在节点 v_i。如果
CNI 与节点 v_i 的 ID 一致,v_i 缓存内容 $O_{k,i}\cdots O_{k,n_k}$,并设置基本的逗留时间 T_{basic},
之后转发该数据包。否则,直接转发该数据包。如果该包为预缓存数据包,则存在
两种情况。如果 v_i 的 ID 与节点匹配,则对缓存块设置逗留时间 T_{tem};否则,该节
点将会转发数据包。节点处理的过程如图 4-3 所示。

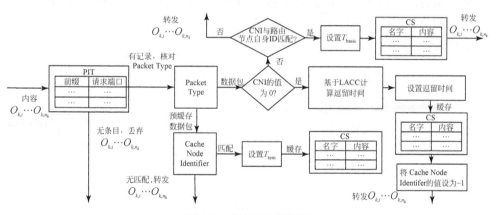

图 4-3　节点处理数据流

图 4-4 表示节点对兴趣包的处理流程。其中,标号 1 处产生兴趣包,标号 2 处
产生预缓存兴趣包。节点对兴趣包的处理过程如下:节点收到关于某内容的兴趣
包,如果 CS 中存在该内容,则节点将会复制该内容,并将复制内容返回给用户。在
这个过程中,节点会计算 $A_{O_{k,i}}(t_{x+1})$ 以决定 CNI 的值。如果内容没有缓存,节点将
会在 PIT 中查看是否有请求记录,如果存在,下一步将会在 PIT 的对应条目中添
加请求端口;如果在 PIT 中不存在该请求内容,则在 FIB 中查找,并将转发内容的
记录添加到 PIT 中,同时发送该内容后续内容的人造兴趣包。在 FIB 中查找成功
后,该内容将会被转发给下一节点;否则,丢弃该兴趣包。

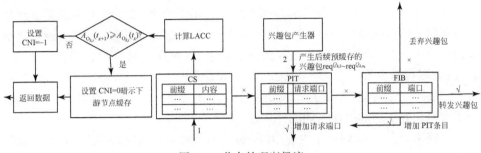

图 4-4　节点处理兴趣流

4.2.3　预缓存算法

一个内容被分成若干块后,如果用户想要获取完整的信息,需要连续发送对同一内容不同块的请求。从这个角度考虑,特定用户请求了某一内容 $O_{k,i}$ 后,若同时将内容 O_k 第 i 块以后的若干块缓存到该条路径中,必然会降低该用户对剩余块请求的响应时间。用户发送请求兴趣包,当 CSS 收到兴趣包后,会将后续的块继续发送给用户。根据兴趣包中 RIL 字段,节点将数据包、预缓存数据包缓存在后半条所属的路由器中。

1. 预缓存存储决策

CSS 依据收到的兴趣包,主动地将用户请求内容的后续块发送给指定的路由器节点。假设用户请求内容 O_k 含有 n_k 块,当前用户请求的内容块为 $Q_{k,m}$,用户到 CSS 的路由跳数为 h,则关于该请求内容后续块的数量为 n_k-m 块,其中路径 l_{io} 中每个路由器缓存内容的数量 f 约为

$$f=\frac{n_k-m+1}{h/2}=\frac{2(n_k-m+1)}{h} \tag{4-4}$$

为了充分利用边缘节点,将预缓存的内容放置在路径 l_{io} 后半段,其中存储内容与缓存节点的对应关系为

$$q=\frac{h}{2}+\frac{j-m+1}{f} \tag{4-5}$$

其中,q 代表路由节点的下标,即将内容 $O_{k,j}$ 发送到节点 v_q 进行缓存。j 表示当前将要缓存内容 O_k 的第 j 块,初始值设为当前用户请求块的下标,$j \geqslant m$。例如,当用户请求内容块 $O_{k,m}$ 时,j 的初始值设为 m。算法 4-1 描述了 PCSRC 所对应的算法。

算法 4-1　内容预缓存策略

1	获得兴趣包经过的路径 l_{i_o}，v_1 是最接近用户的节点
2	用户请求关于内容 $Q_{k,m}$ 的兴趣包 $\text{req}^{Q_{k,m}}$
3	$f \leftarrow [2(n_k - m + 1)/h]$
3	$j = m$
4	while$(j \leqslant n_k)$then
5	$q \leftarrow [h/2] + [(j - m + 1)/f]$
6	发送内容 $O_{k,j}$ 到节点 v_q
7	$j{+}{+}$
8	end

2. 预缓存内容的推送

为了将流行的内容推送至网络边缘，当缓存节点收到兴趣包 $\text{req}^{Q_{k,i}}$ 时，计算内容块 $Q_{k,i}$ 的 LACC，这里有两种情况：

(1) 若 $A_{O_{k,i}}(t_{x+1}) \geqslant A_{O_{k,i}}(t_x)$，说明内容流行度变大。节点 v_j 将 $\text{req}^{Q_{k,i}}$ 对应数据包中的字段 CNI 设置为 0，当下游节点 v_{i-1} 收到该数据包时，查看该 CNI 字段。如果 CNI 为 0，则表示该内容需要缓存，并依据 LACC 计算该内容的逗留时间，这样将内容下移了一跳路由。之后，由于 v_{i-1} 缓存了该内容，v_i 将不会收到关于内容 $O_{k,j}$ 的请求，逗留时间长时间没有变化。当逗留时间到期之后，该内容将会处于"可删除"状态。另外，v_{i-1} 缓存内容后，将 CNI 字段设置为 -1，然后把数据包转发给下游节点，以防止下游节点再次存储。

(2) 若 $A_{O_{k,i}}(t_{x+1}) < A_{O_{k,i}}(t_x)$，说明 $O_{k,i}$ 的活跃度 LACC 降低。此时 v_i 需要做的是依据 LACC 的取值直接在该节点调整内容的逗留时间，并发送数据包响应下游节点。当下游节点收到数据包后，查看缓存指示字段 CNI，决定是否进行内容的存储，由于 CNI 字段的值为 -1，该节点只进行内容的转发。

当缓存节点收到预缓存兴趣包，说明这是基于用户关联性产生的预请求。此时，CSS 发送剩余块的预缓存数据包。当对应层级的路由器收到预缓存数据包后，该节点将会提取预缓存数据包中的内容。为了节省缓存空间，设置预缓存内容的预逗留时间 T_{tem}。

3. 逗留时间的计算

针对包的类型，分情况进行逗留时间设置。对于用户请求的数据包，根据滑动窗口，动态改变逗留时间。对于预缓存的内容，设置临时逗留时间，以防止预缓存内容长时间占用存储空间。

1) 请求内容块的逗留时间

内容块的逗留时间基于其所属的 LACC 值动态改变。网络中越流行的内容块,其 LACC 值越大,所对应的逗留时间越长。若 $A_{O_{k,i}}(t_{x+1}) < A_{O_{k,i}}(t_x)$,则直接在该节点依据 LACC 更新逗留时间。若 $A_{O_{k,i}}(t_{x+1}) \geqslant A_{O_{k,i}}(t_x)$,将数据包中 CNI 的字段设置为 0,指示下游节点缓存内容并计算逗留时间。

如果用户请求的内容为首次请求(LACC=1),沿途节点不存在就近的缓存资源,内容请求需要发送至 CSS 进行响应,则 CSS 依据缓存存储决策进行内容存储选择,逗留时间设置为基础逗留时间 T_{base}。之后若用户再请求该内容块时,其对应的逗留时间应根据 LACC 的值变化,并以 T_{base} 为基础,进行更新。

$$\mathrm{ST}(x+1) = \mathrm{ST}(x) + \left(1 - \frac{1}{A_{O_{k,j}}(t_{x+1})}\right) T_{base} \tag{4-6}$$

从式(4-6)可以看出,LACC 的值越大,逗留时间越长,即 LACC 与逗留时间之间是正比关系,体现了内容越活跃,流行度越大,对应存储时间越长。

2) 预缓存内容块的逗留时间

由于用户可能在短时间内发送对同一内容不同内容块的请求,本章提出了内容块的预缓存策略。通过用户请求内容块,预先缓存所属同一内容的后续内容块,以减少用户的请求时延。为了防止预缓存内容块长时间占用 CS 的存储空间,须设置预缓存内容块的临时逗留时间。临时逗留时间的取值需要依用户对内容块的平均发送间隔进行设置。该过程与内容块的局部活跃度无关。也就是说,预缓存内容块的预逗留时间随着预缓存块的原始顺序依据请求间隔设定。当用户请求内容后,依据 LACC 的值进行动态更新。当预缓存的内容第一次请求时,LACC 的值为 1,根据存储时间策略有临时逗留时间等于 T_{base}。

4. 缓存替换策略

随着节点中缓存内容数量的增加,存储空间逐渐减少。当节点中存储空间为 0 时,新请求的内容是否进行缓存则需要根据缓存替换策略决定。在预缓存时间内,预缓存的内容没有被用户请求,则该内容将很快处于"可删除"状态。当新请求的内容到达时,处于"可删除"状态的内容块将会优先被替换掉。还有一种情况,即当缓存空间中不存在"可删除"状态的内容块时,新到达的内容将会替换掉 CS 中具有最小逗留时间的内容块。

5. PCSRC 运行实例

图 4-5 给出了 PCSRC 算法的运行实例,假设 CSS 中含有用户请求的数据块 $O_{k,1} \sim O_{k,5}$,用户 $R_1 \sim R_3$ 为内容请求者。$\mathrm{req}^{Q_{k,i}}$ 表示用户发送的关于内容块 $O_{k,i}$ 的

请求兴趣包。

（1）用户发送的关于内容块 $Q_{k,1}$ 的 $\mathrm{req}^{Q_{k,1}}$。由于该内容块为首次请求,沿途中没有缓存该资源,因此,$\mathrm{req}^{Q_{k,1}}$ 被转发至 CSS 进行响应。$\mathrm{req}^{Q_{k,1}}$ 记录了沿途中所经过的路由器层级号。当 CSS 收到 $\mathrm{req}^{O_{k,1}}$ 后,提取 RIL(含有 v_1,v_2,v_3,v_4)。之后,CSS 将用户请求内容之后的块进行预缓存。节点 v_3 缓存 3 个内容块,即 $Q_{1,1} \sim Q_{1,3}$。节点 v_4 缓存两个内容块 $Q_{1,4} \sim Q_{1,5}$。该缓存策略对应的节点由式(4-4)与式(4-5)计算得出。上述整个过程依据 CNI 字段得出。该策略将缓存内容均匀地分布在请求路径的后半条路径上。当节点 $v_1 \sim v_4$ 收到数据包,则会核对 CNI 字段。如果 CNI 字段与自身一致,节点将会缓存该内容块。因此,与上述情况类似,节点 v_3 缓存内容 $Q_{1,1} \sim Q_{1,3}$,节点 v_4 缓存内容 $Q_{1,4} \sim Q_{1,5}$。另外,依据数据包中的字段 Packet Type,节点决定是否将内容转发给下一个节点。当节点 v_3 收到关于内容 $O_{k,1}$ 的数据包后,将会核对包的类型以及 LACC 以决定是否转发并计算逗留时间。同时,将 CNI 字段的值设置为 -1,并转发数据包。当节点 v_2 和节点 v_1 收到数据包后,查看 CNI 的值为 -1,此时直接将包进行转发。该过程如图 4-5 中的情况(1)所示。

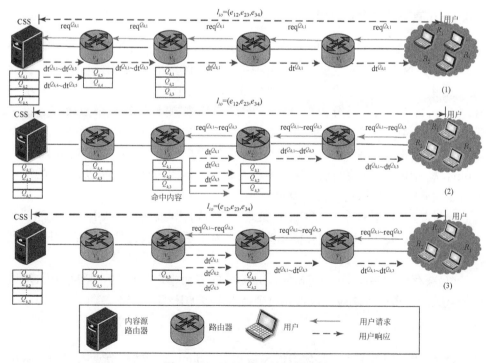

图 4-5　PCSRC 算法的运行实例

(2)用户 R_2 发送对内容块 $O_{k,1} \sim O_{k,3}$ 的请求兴趣包 $req^{Q_{k,1}} \sim req^{Q_{k,3}}$。节点 v_1 收到关于 $O_{k,1} \sim O_{k,3}$ 的请求,由于没有缓存内容,将会转发请求到节点 v_2。同上,v_2 转发内容请求到节点 v_3,由于此时 v_3 缓存了该内容,因此,v_3 计算 LACC。由于 $A_{Q_{k,1}}(2) \geqslant A_{Q_{k,1}}(1)$,$A_{Q_{k,2}}(2) \geqslant A_{Q_{k,2}}(1)$ 并且 $A_{Q_{k,3}}(2) \geqslant A_{Q_{k,3}}(1)$,$v_3$ 将 $O_{k,1}$、$O_{k,2}$、$O_{k,3}$ 对应的数据包 CNI 字段置 0 后,应答该请求。当 v_2 收到数据包后,检查 CNI 字段,计算存储时间 ST,将内容存储在 CS 中,并置 CNI 为 -1,转发数据包,防止 v_1 的进一步缓存。过一段时间后,由于 v_3 长时间没有 $O_{k,1} \sim O_{k,3}$ 的请求,逗留时间到期后,节点 v_3 中该内容将会处于"可删除"状态,如图 4-5 中的情况(2)所示。

(3)在情况(2)下,假设在该次请求中,$O_{k,3}$ 的活跃度降低,也就是说,$A_{Q_{k,3}}(2) < A_{Q_{k,3}}(1)$,节点 v_3 中内容块 $O_{k,1}$ 和 $O_{k,2}$ 到期。此时,路由器将会有以下的处理结果:关于 $O_{k,3}$ 的数据包将不会在下一跳进行缓存,对应的 CNI 字段设置 -1,并将会直接在节点 v_3 依据 LACC 进行内容 ST 的计算,如图 4-5 中的情况(3)所示。

4.3　仿真与性能评估

4.3.1　仿真环境与参数设置

为了验证 PCSRC 的性能,本章使用 ndnSIM[5] 平台进行仿真。ndnSIM 已经实现了对 ICN 路由转发流程等功能的模拟。实验仿真拓扑图如图 4-6 所示,包含 31 个路由节点,根节点为 CSS,共存储 10000 个内容块,每个内容块的大小为 10MByte,每个内容条目分为 10 块。内容请求均来自叶子节点,节点缓存容量一致,大小设为 1000MByte,请求到达服从参数 λ 的泊松过程,请求概率服从 Zip 概率[6],默认情况下 $\alpha = 0.8$。仿真时间设为 100s,$T_{base} = 10s$[7],发送间隔设为 100ms,紧随用户请求块的临时缓存内容设置为 2 倍的内容发送间隔,之后的块依照首块内容倍数增长,滑动窗口设置为 3s。

通过与 CEE 策略[2]、ProbCache 策略[8] 进行对比,以评估 PCSRC 的性能。其中,ProbCache 策略的沿路缓存概率为 0.7。为了更好地进行性能评估,引入下列性能参数。

(1)缓存命中率(cache hit ratio,CHR)。缓存命中率是指在一段时间内,网络中节点关于请求内容响应次数占其收到请求次数的比例,计算公式为

$$\text{CHR} = \frac{\text{resp}}{\text{count}} \tag{4-7}$$

其中,resp 表示网络节点缓存内容的响应次数;count 表示网络节点收到的请求次数。CHR 反映了缓存策略的优越性,其值越大,表明缓存策略越有效,对应的冗余内容存储越少。

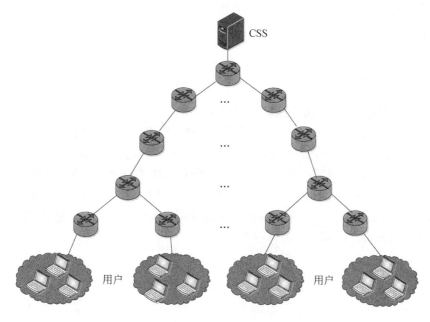

图 4-6　实验仿真拓扑图

（2）平均请求跳数（average request hop，ARH）。平均请求跳数是指当用户发起的兴趣包请求命中时传输的平均跳数。计算公式为

$$ARH = \frac{\sum\limits_{rep \in REP} g_{rep}}{Fre} \tag{4-8}$$

其中，g_{rep} 表示用户请求兴趣包的实际响应跳数；Fre 表示用户得到响应的请求次数；REP 表示用户请求内容的集合。ARH 值越小，表示请求响应的距离越近。该值反映了缓存策略对带宽的影响。

（3）内容源服务器流量比（server traffic ratio，STR）。内容源服务器流量比是指内容源服务器响应用户请求所发送的流量占网络中所有用户请求响应所发送的内容流量和的比值。计算公式为

$$STR = \frac{\sum\limits_{rep \in REP} W_{rep}}{\sum\limits_{rep \in REP} Q_{rep}} \tag{4-9}$$

其中，W_{rep} 表示用户请求在源服务器获得响应时产生的流量；Q_{rep} 表示用户请求响应的总流量。STR 的值越大，内容请求在缓存路径中得到的响应比例越低，内容经过的请求跳数越大，网络消耗越大。

（4）平均请求时延（average request delay，ARD）。平均请求时延是指用户从

发送兴趣包到接收到响应数据包所经历的平均时间。

4.3.2　仿真结果分析

1. 缓存命中率

1) 权值参数 γ 对于缓存性能的影响

为了考查权值参数 γ 对于缓存性能的影响,取权值参数 γ 为 1、5、8、20,得出 PCSRC 对缓存性能影响如图 4-7 所示。可以看出,权值参数 γ 取 5 时,对应的缓存命中率最高。当权值参数 γ 取 1 或者 8 时,缓存命中率降低。当权值参数 γ 取 20 时,缓存命中率最低。当 γ 分别取 1、5、8、20 时,对应的平均 CHR 分别为 38%、43%、40% 以及 34%。合理的 γ 取值对于提高缓存命中率有较大影响,需要同时考虑历史请求窗口和当前请求窗口中的请求。

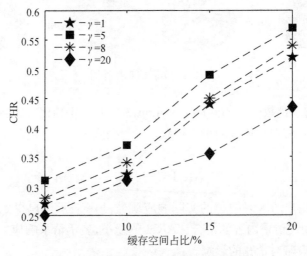

图 4-7　权值参数 γ 对于缓存性能的影响

2) 不同缓存空间时的 CHR 变化

除了考虑参数取值对于缓存性能的影响,还验证了不同缓存空间时 CHR 的变化情况。路由器的缓存空间分别设置为该路由器总存储空间的 5%、10%、15% 和 20%。随着缓存空间的变化,每个缓存策略的 CHR 变化如图 4-8 所示。可以看出,在不同的缓存空间下,PCSRC、ProbCache 策略以及 CEE 策略的平均缓存命中率分别达到了 42.7%、25.3% 以及 21.4%。PCSRC 的缓存命中率相比 ProbCache 策略和 CEE 策略分别提高了 43% 和 50%。这主要是由于 PCSRC 进行了内容的预缓存,用户可以就近获取内容。

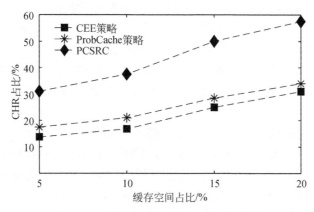

图 4-8　不同缓存空间下的 CHR 变化情况

2. 缓存容量对缓存策略的 ARH 和 STR 的影响

为了验证缓存容量对于缓存性能的影响,从 ARH 和 STR 两个方面进行分析对比。在仿真实验中,取 $\gamma=5$, $\alpha=0.8$,默认使用 LRU 缓存替换方案,并且设置每个节点具有相同的缓存容量。

1) ARH

图 4-9 显示了各缓存策略随着缓存容量增加时 ARH 的变化情况。可以看出,随着缓存容量的增加,各缓存策略对应的 ARH 逐渐减小。随着缓存容量的逐渐增加,请求内容逐渐被缓存在路由节点中,因此 ARH 呈下降趋势。CEE 策略将内容处处缓存,造成了各个节点缓存内容的同质化,因此,其 ARH 是最大的,平均为

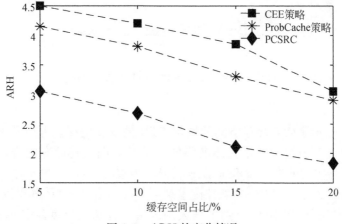

图 4-9　ARH 的变化情况

3.9 跳左右。ProbCache 策略依据固定概率将内容存储在路径中,没有考虑内容请求之间的相关性。相比 CEE 策略,当用户发出内容请求后,ProbCache 策略最少需要经过 3.5 跳就可以获得内容。PCSRC 根据请求内容主动缓存后续内容,减少了后续请求的传输路径,因此其 ARH 较小,并且 PCSRC 利用流行度,逐渐将流行的内容推送至网络边缘,减少了用户对于流行内容请求的路由跳数,使得 ARH 维持在 2.4 左右。

随着参数 α 值的逐渐增加,各缓存策略的 ARH 变化如图 4-10 所示。可以看出,各缓存策略的 ARH 逐渐减小。其中,PCSRC、ProbCache 策略和 CEE 策略的 ARH 分别为 2.82、4.01 和 4.17。具体来说,PCSRC 比 ProbCache 策略低 1.19 跳,比 CEE 策略低 1.35 跳。因此,PCSRC 具有较好的缓存性能。当然该性能的提高与 PCSRC 使用预缓存机制是密不可分的。

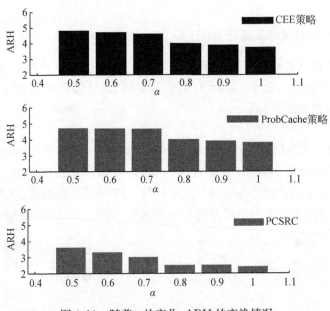

图 4-10　随着 α 的变化,ARH 的变换情况

2)STR

图 4-11 显示了随着缓存空间的增加 STR 的变化情况。可以看出,各缓存策略的 STR 随着缓存空间的增大逐渐降低。CEE 策略使得缓存内容趋于同质,其 STR 随着缓存空间的增加没有显著地改善。当缓存空间为 20% 时,CEE 策略的 STR 依然占 0.36。ProbCache 策略随着缓存空间的增加,STR 减少到 0.26 左右。相比以上两种策略,PCSRC 得到了很大的改善。特别是当缓存空间为 20% 左右时,其 STR 减少到 0.073 左右,因此,PCSRC 有效降低了服务器的负载。CEE 策略、ProbCache 策略和 PCSRC 在不同的缓存空间的平均 STR 为 0.48、0.41 和

0.18。因此,PCSRC 可有效减少网络流量。

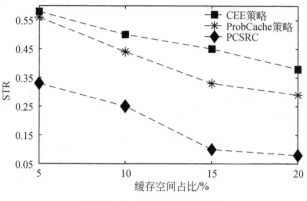

图 4-11　STR 的变化情况

3. 平均请求时延

图 4-12 和图 4-13 给出了 CEE 策略、ProbCache 策略以及 PCSRC 的 ARD 情况。图 4-12 表示 $\lambda=30$ 时,各个缓存策略对应的 ARD 变化情况。图 4-13 表示 $\lambda=40$ 时,各解缓存策略的 ARD 变化情况。可以看出,在仿真刚开始时,由于路由节点没有存储任何内容,用户请求的内容块都需要路由至 CSS 进行获取,此时,请求时延较大。但是随着仿真时间的逐渐增加,节点依据存储策略,缓存了部分内容,内容的请求命中率增大,对应 ARD 减小。

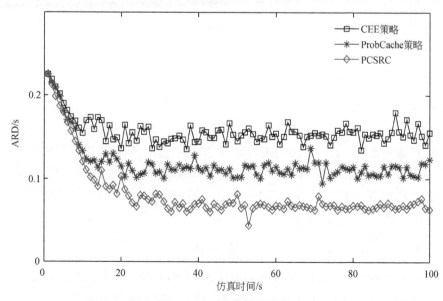

图 4-12　$\lambda=30$ 的各缓存策略的 ARD

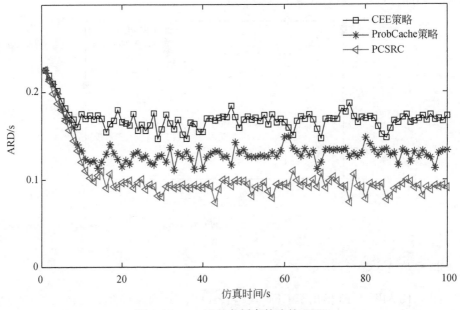

图 4-13　λ＝40 的各缓存策略的 ARD

由于 CEE 策略的处处缓存机制,节点存储的内容趋于同质化,节点的请求命中率较低,ARD 较大。ProbCache 策略在路径上以固定概率进行内容的存储,无法达到内容的优化存储。与这两种方案相比,PCSRC 根据内容请求之间的关联性,主动发送对于请求后续内容的请求,有效减少了请求时延。此外,PCSRC 依据 LACC,动态计算内容的逗留时间,在一定程度上,增大了节点对于流行内容的存储以及缓存命中率。因此,PCSRC 的 ARD 相对较小。

4.4　小　　结

本章提出了 PCSRC,主要是基于用户请求的关联内容进行内容块的预缓存。根据用户请求之间存在的实际问题,预缓存策略根据内容的流行度,将内容推送到网络的边缘,节省用户的请求时延。另外,本章设置了内容的逗留时间,防止内容长时间占用缓存空间。仿真结果表明,PCSRC 提高了用户请求效率和内容命中率。

参 考 文 献

[1] 思科 . 思科 Mobile Visual Networking Index (VNI)报告预测[EB/OL]. https：//www. cis-
co. com/c/zh_cn/about/press/corporate-news/2017/02-08. html[2018-8-20].

[2] Jacobson V, Smetters D K, Thornton J D, et al. Networking named content[C]// Proceedings of the 5th Conference on Emerging Networking Experiments and Technologies, New York, 2009.

[3] 田铭, 邬江兴, 兰巨龙. 信息中心网络中基于局部内容活跃度的自适应缓存算法 [J]. 计算机科学, 2016, 43(11):164-171.

[4] Majeed M F, Dailey M N, Khan R, et al. Pre-caching: A proactive scheme for caching video traffic in named data mesh networks[J]. Journal of Network and Computer Applications, 2017, 87:116-130.

[5] Afanasyev A, Moiseenko I, Zhang L X. ndnSIM: NDN simulator for NS-3[R]. Los Angeles:University of California, Los Angeles, 2012.

[6] Breslau L, Pei C, Li F, et al. Web caching and Zipf-like distributions: Evidence and implications[C]//International Conference on Computer Communications, New York, 2002.

[7] Ming Z X, Xu M W, Wand D. Age-based cooperative caching in information-centric networking [C]//International Conference on Computer Communication and Networks, Shanghai, 2012.

[8] Psaras I, Chai W K, Pavlou G. Probabilistic in-network caching for information-centric networks[C]//Edition of the ICN Workshop on Information-Centric Networking, Helsinki, 2012.

第 5 章　路由器缓存准入策略

5.1　引　言

近年来,随着多媒体业务的兴起,互联网实际已逐渐转变为以服务内容为中心的网络。大多数用户更加关注服务内容本身而不是其获取位置。与之成鲜明对比的是,现有互联网仍采用基于端到端的透明传输模式,中间节点并不知道自身所转发报文的实际内容,无法实现对服务内容的高效分发和共享,网络传输负担较为繁重。

为提高网络的传输效率,ICN 依据服务内容对其直接命名并在路由器中引入缓存功能。这样,服务内容可存储在网络中的任意位置,有利于用户就近获取服务内容的同时,也可大幅降低网络中的重复流量,从而进一步提升用户体验和资源适配效益。

路由器引入缓存功能的好处显而易见,然而,如何根据用户需求确定哪些服务内容应该被本地缓存,成为服务内容适配机制的一个重要研究热点,该问题的实质是路由器缓存策略。实际上,路由器缓存策略可进一步细分为缓存替换策略和缓存准入策略。其中,替换策略用于确定当缓存已满时哪些服务内容需要被删除,而准入策略用于确定哪些流经路由器的服务内容值得被保存。两者之间的关系在于,当缓存已满时,一个新服务内容在路由器上的存储势必会引起另一已缓存服务内容在该路由器上的删除。

缓存策略在过去的网页缓存系统[1]、CDN[2] 等领域已经得到了充分的研究和论证[3,4]。然而,与上述缓存网络面向特定应用不同,ICN 架构对网络中所有被传输的服务内容进行存储,并且缓存功能被装载到路由器而非专用的服务器上。这一根本性变化产生了一系列不同于以前缓存系统的新特性,典型特征如下。

(1)由于路由器需要线速(line-speed)转发报文[5,6],其缓存替代和准入策略的时间复杂度不宜超过 $O(1)$。LRU 因其性能相对于 FIFO(first in first out)、Random 等复杂度为 $O(1)$ 的替代策略更优而成为首选[7]。因此,路由器缓存策略的设计主要集中于缓存准入策略。

(2)因线速转发要求,路由器缓存容量与其网卡转发速率相关,不能随意增加。加之缓存路由器面向所有服务内容进行缓存,路由器缓存大小与服务内容总量的比例将变得极小,文献[7]甚至估计这一比值在 10^{-5} 的量级上。其结果是路由器缓存中的服务内容替代速率极高,服务内容难以被稳定存储。

（3）由于路由器缓存的作用,在下游节点满足的服务请求将不会转发至上游节点,这导致整条传输路径上节点缓存的服务内容相互影响,尤其是上游节点缓存中服务内容将随下游节点缓存中服务内容的变化而大幅变化。

（4）与网页缓存系统、CDN 层次化组网结构不同,以路由器为基础的缓存网络参与节点众多,且传输路径相互交叠,其结构更趋一般化,进一步加速了缓存中服务内容的替代速率。

综上,ICN 缓存准入策略设计时应对路由器替代速率予以控制,并将流行服务内容存储在更靠近用户的位置,以实现高效的服务内容适配效益。此外,缓存准入策略处理机制的时间复杂度需保证为 $O(1)$。

5.2　自主式控制缓存准入策略

本节介绍所提出的自主式控制缓存准入策略(self-controlled cache permission policy,SCP)的设计原则、工作机制及其操作示例。

5.2.1　设计原则

如前所述,流行服务内容的识别对服务内容适配效益的好坏至关重要。请求计数类策略虽然在这方面存在着巨大优势,但因其时间复杂度通常在 $O(\log_2 n)$ 或以上而只能弃用。因此,借助传输路径上节点对服务内容进行流行度感知,识别和筛选便成为为数不多的适配选择。

在 SCP 中,为防止非流行服务内容占据有限的缓存资源,服务内容的存储需进行两轮过滤,即传输过滤和路由器过滤。为实现传输过滤,在服务内容请求和数据报文的报头中添加一个默认值为 False 的标识位 CacheFlag,用于表示所携带的服务内容是否需要缓存,并且只有服务器或者命中路由器才能将其置位为 True。每当收到 CacheFlag 为 True 的服务内容报文后,路由器首先将这一标识位更改为 False,以避免下游路由器在缓存已满的情况下继续缓存该服务内容;其次确定是否需要在本地缓存该服务内容。

当缓存已满时,缓存一个新的服务内容势必需要删除一个已缓存的服务内容。由于 LRU 算法本身不能很好地判断服务内容流行度,流行度高的服务内容极易被替换,造成服务内容适配效益下降。为降低这种可能性,SCP 并不急于将 CacheFlag 为 True 的服务内容立即送入缓存,而先将服务内容的服务标识(service identifier,SID)记录在一个名为潜在流行服务列表(potential popular service list,PPSL)中等待一段时间。如果该服务内容再次被请求,并且其 SID 在 PPSL 中并没有被替换掉,该服务内容才会被路由器真正缓存下来。

PPSL 作为缓存路由器的缓冲,目的是帮助缓存路由器过滤出非流行的服务内容。为此,PPSL 使用鉴别流行服务内容能力较差、但时间复杂度为 $O(1)$ 的 LRU 作为其替代策略。此外,PPSL 的长度还应远小于缓存列表(cache list,CL)的长度,以求进一步加速其替代速率。这样设计有如下好处。首先,CL 的替代速率直接被转嫁到 PPSL 上,缓存中服务内容的稳定性得以保证。其次,由于 PPSL 的高替代速率,能留在其中并获得二次请求的服务内容是流行服务内容的可能性很大,值得路由器进行缓存。再加之传输路径上从服务器到用户之间其他路由器以相同方式的层层筛选,最终,只有拥有足够多请求数量的流行服务内容才会被缓存在离用户较近的位置。通过这种方式,SCP 满足缓存准入策略的设计要求。

SCP 的工作流程如图 5-1 所示。在 ICN 某一域内,当服务内容回传时,CL 首先要判断内容报头中 CacheFlag 的值,如果为 True,该服务内容则先进入 PPSL 进行过滤。如果该服务内容的 SID 已经存在于 PPSL 中,其数据才会被路由器缓存,相关信息被添加到 CL 中。此外,在服务内容回传时进行流行内容的过滤可以避免 PPSL 与 CL 的冲突。当 CL 存有被请求服务内容时,路由器将直接返回对应数据,并且被请求服务内容的 SID 不会出现在 PPSL 中。另外,当服务内容回传时,其首先进入 PPSL 进行过滤,之后才有进入 CL 的可能。

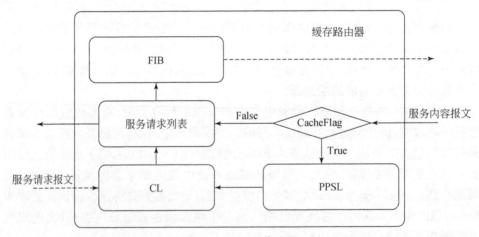

图 5-1　SCP 工作流程

5.2.2　工作机制

SCP 工作机制的伪代码如表 5-1 所示。在传输服务请求过程中,如果遇到缓存对应服务内容的路由器,该服务内容将被路由器直接返回,并且服务内容报头的 CacheFlag 将被置为 True。这样,该服务内容可以被下游直连的路由器缓存。反之,如果没有遇到缓存对应服务内容的路由器,该路由器将查询 PIT,以确定是否收到过请求相同服务内容的其他请求。如果不存在相关表项,路由器将创建新的 PIT 条目,用于记录该请求所到达的接口,并按照 FIB,向上游继续传递服务请求。反之,如果存在请求相同服务内容的其他请求,路由器将抑制该服务请求的继续发送,并在对应表项中添加必要的接口到达信息后将其丢弃。

表 5-1　SCP 工作机制的伪代码

1	Funciton: ReceiveRequest (Request (s), in)	26	Service(s)->SetCacheFlag (False);
2	s=Request(s)->GetSID( );	27	PPSL_Hit=PPSL->Lookup(s);
3	CL_Hit=CL->Lookup(s);	28	if (PPSL _Hit)
4	if (CL_Hit)	29	CL ->Add(Service(s), front);
5	Service(s)=GetService(s);	30	PPSL->Remove(s);
6	Service(s)->SetCacheFlag (True);	31	if(CacheFull)
7	Forward (Service(s), in);	32	PPSL->Add(c', front);
8	else	33	♯s': the evicted service name
9	Exist=PIT->Lookup(s);	34	endif
10	if (! Exist)	35	SendRemoveMessage(s), in);
11	PIT->Create (s), in);	36	else
12	Forward (Request(s), FIB);	37	PPSL->Add(c, front);
13	else	38	if(! CacheFull && (rnd$_A$>0.5))
14	Suppress (Request(s));	39	CL->Add(Service(s), back);
15	end If	40	PPSL->Remove(s);
16	end If	41	end if
17		42	end if
18	Function: ReceiveService (Service(s), in)	43	end if
19	s=Service(s)->GetSID( );	44	Forward (Service(c), PIT);
20	CacheFlag=Service(s)->GetCacheFlag( );	45	
21	if (CacheFlag ==False)	46	Function: ReceiveRemoveMessage $(s$, if)
22	if(! CacheFull && (rnd$_A$>0.5))	47	if (node->GetDegree( )=2)
23	CL->Add(Service(s), back);	48	CL->Remove(GetService(s));
24	end if	49	end if
25	else		

当服务内容回传时,路由器首先检查服务内容报头 CacheFlag 的标识位。如果其值为 False,路由器无须缓存该服务内容,直接按照 PIT 转发该服务内容。如果 CacheFlag 的值为 True,该服务内容可能被缓存在本地。具体来说,路由器首先

将服务内容的 CacheFlag 值置为 False,之后查询 PPSL。如果 PPSL 里存有该服务内容的 SID,则路由器缓存该服务内容,并删除 PPSL 中相关表项。此时,如果 CL 发生替换,被替代服务内容的 SID 将存入 PPSL 中,以防被替换服务内容是流行服务内容。为了提高传输路径上的多样性,路由器还需发送一个删除信息,该信息依据服务内容到达接口向上游发送一跳,以便通知直连的上游路由器该服务内容已被缓存。如果上游路由器的度数(所使用的接口数)为 2,删除刚刚回传的服务内容,否则,直接丢掉删除信息。最后,路由器按照 PIT 转发该服务内容。

另外,当服务内容回传时,如果 PPSL 里没有该服务内容的 SID,路由器首先将在该列表中添加服务内容的 SID。此时,如果缓存未满,路由器将产生一个随机数 rnd。如果 rnd$\geqslant$0.5,将缓存该服务内容。由于该服务内容未经过 PPSL 的筛选,为了减少流行服务内容被替代的可能性,将其放入 CL 尾部。这样,再次发生替换时,该服务内容将最先被删除。同时,删除 PPSL 中对应表项。之后,路由器按照 PIT 转发该服务内容即可。

需要说明的是,SCP 的时间复杂度为 $O(1)$。首先,PPSL 只在服务内容返回时起到过滤作用,并且先于 CL 进行处理,与 CL 并无任何冲突。PPSL 与 CL 的处理连接也并不存在复杂操作。其次,与 CL 相同,PPSL 使用 LRU 作为替代策略,故 SCP 的复杂度完全取决于 LRU 的实现。

对于复杂度为 $O(1)$ 的 LRU 实现,其核心思想是维护一个哈希表和双向链表。其中,哈希表用于记录存储的 SID 及其所对应节点在双向链表中的位置,而双向链表则用于记录所存服务内容的相关信息,并保持所存服务内容节点之间的顺序关系。当收到服务请求时,无论是 PPSL 或 CL,操作实体首先查看哈希表以确定该请求所对应 SID 是否存在于双向链表中。如果存在,操作实体将从哈希表中读取该服务内容在双向链表中的节点位置,找到该节点将其作为链表的头节点,并对哈希表中所对应表项进行相应修改。之后,操作实体还需修改双向链表中被请求服务内容对应节点原位置前后节点的指针。如果哈希表中不存在被请求服务内容的 SID,该请求不会对该哈希表和双向链表造成任何改变。

当收到服务内容时,操作实体首先删除双向链表尾节点及其对应哈希表中的表项。之后,操作实体在哈希表和双向链表中添加服务内容相关表项和节点,并且新添加的节点将作为双向链表的头节点。

5.2.3　操作示例

下面给出 SCP 的操作示例,如图 5-2(a)~(e)所示。图中假设 CL 长度为 3,PPSL 长度为 2,服务内容的请求序列为{1,2,1,3,1,1},拓扑为 2 跳线型拓扑。

图 5-2(a)为服务内容 1 的请求过程。此时,服务器将服务内容 1 的 CacheFlag 置为 True 后并回传数据。路由器 B 收到后将服务内容 1 的 SID 放入 PPSL,并把

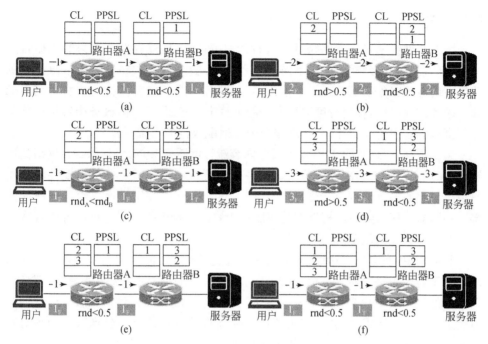

图 5-2　SCP 操作示例

服务内容 1 的 CacheFlag 改为 False。假设路由器 A 和 B 的 rnd 均小于 0.5，服务内容 1 不被存储。图 5-2(b)为服务内容 2 的请求过程。假设路由器 A 产生的 rnd 大于 0.5，其将缓存服务内容 2。图 5-2(c)为服务内容 1 的请求过程。由于路由器 B 的 PPSL 中已经存有服务内容 1 的 SID，因此服务内容 1 将被路由器 B 缓存。图 5-2(d)为服务内容 3 的请求过程。服务内容 3 的 SID 进入路由器 B 的 PPSL。假设路由器 A 产生的 rnd 大于 0.5，路由器 A 缓存服务内容 3。但由于此次为随机存储，服务内容 3 将放置在服务内容 2 之下。图 5-2(e)为服务内容 1 的请求过程。由于路由器 B 已经存储服务内容 1，因此其将服务内容 1 的 CacheFlag 置为 True 后返回。服务内容 1 进入路由器 A 的 PPSL。图 5-2(f)为服务内容 1 的请求过程。由于路由器 A 的 PPSL 已经存有服务内容 1 的 SID，因此服务内容 1 到达路由器 A 后将被缓存。同时，路由器 A 还产生一个删除消息发给路由器 B。路由器 B 收到后删除服务内容 1，以腾出空间给其他服务内容。

5.3　集中式控制缓存准入策略

本节介绍所提出的集中式控制缓存准入策略（centralized-controlled cache permission policy，CCP）的设计原则、工作机制及其操作示例。

5.3.1　设计原则

SCP 虽然能通过传输路径过滤流行的服务内容,但途径路由器只能根据自身所收到的请求进行判断。由于下游路由器的过滤作用,上游路由器通常只能收到非流行内容的服务请求。越靠上游的路由器,其对服务内容流行度的辨别越不准确。因此,对服务内容流行度进行全局的测算十分必要。这样,服务内容可按照其流行度被部署在传输路径上,实现服务内容适配效益的大幅提升。

为实现这一目的,CCP 引入了服务内容流行度感知节点,将其部署在网络的边缘网、靠近用户接入路由器的位置。服务内容流行度感知节点通过周期性收集用户请求对服务内容进行流行度排序。之后,该节点将感知结果通告给用户所处的接入路由器。接入路由器根据被请求服务内容的流行度排序指定该服务内容在传输路径中被缓存的位置。

具体来说,为实现可达性,服务内容流行度感知节点向全网统一通告一个任播地址用于与接入路由器进行信令交互。接入路由器每收到一次服务请求,都将该请求中的 SID 提取出来发往服务内容流行度感知节点,便于后者对服务内容的流行度进行评估。网络初始时,接入路由器还须将其位置信息注册到服务内容流行度感知节点,以便后者主动推送关于服务内容流行度排序的信令报文。此外,接入路由器还须向服务内容流行度感知节点通告其所有传输路径中最大的路径缓存容量,即传输路径上所有缓存节点缓存容量之和,以便后者决定向其推送排序列表的长度。

服务内容流行度感知节点为每个被请求的服务内容维护如表 5-2 所示的流行度表项。该表项由三部分组成,其中,SID 用于标识一个服务内容,Count 用于记录在当前周期内该服务内容的请求数量,Value 则为上一周期测算的服务内容流行度的值。当前周期结束后,服务内容流行度感知节点重新计算服务内容的流行度。

表 5-2　服务内容流行度感知节点维护的流行度表项

服务标识	数量	权值
SID	Count	Value

服务内容流行度感知节点使用指数加权移动平均(exponentially weighted moving average,EWMA)[8]方法计算服务内容流行度。EWMA 的表达式如式(5-1)所示:

$$\text{Value}_i = \begin{cases} \text{Count}_1, & i=1, 0<\gamma\leqslant1, i\in N \\ \gamma \cdot \text{Count}_i + (1-\gamma) \cdot \text{Value}_{i-1}, & i\neq1, 0<r\leqslant1, i\in N \end{cases} \quad (5\text{-}1)$$

其中，Value 的初始值为服务内容上一个（第一个）周期的请求数量；γ 为过去测量值的权重系数，γ 越小，过去测量值所占比例越大。服务内容流行度感知节点根据新计算出来的流行度对服务内容进行排序并将该结果推送给向其注册的接入路由器。同时，计算出来的流行度将覆盖流行度表项中原有的流行度。

接入路由器收到服务内容流行度感知节点推送的服务内容流行度排序列表后，创建或更新其维护的排序表项，如表 5-3 所示。路由器只需要记录服务标识和流行度排序，并维护一个计时器。考虑到信令报文的传输时间，计时器的计时长度略长于服务内容流行度感知节点的感知周期 t。超时后，接入路由器删除相应表项。

表 5-3　接入路由器维护的排序表项

服务标识	流行度排序
SID	Rank

5.3.2　工作机制

用户发送的请求报文如表 5-4 所示。其中，新添加的 Rank 选项域是指请求报文所指代的服务内容在全体服务内容中的流行度排名，其初始值为 MAX，MAX是一个远大于传输路径上总缓存容量的整数。CacheSum 用于记录传输路径上的缓存容量，以确定服务内容的存储位置，初始值为 0。Router- ID 用于标识路由器的身份，初始值为空，不指向任何路由器。另外，服务器回复的数据报文格式报头与请求报文格式类似，区别在于数据报文报头不再含有 Rank 和 CacheSum 选项域。

表 5-4　请求报文格式

Source ID	
Destination ID	
SID	
Rank	CacheSum
Router-ID	

CCP 处理流程如图 5-3 所示。在网络某一边缘域内，当收到请求报文后，接入路由器首先根据 SID 查询排序表项。如果存在对应表项，接入路由器则将被请求服务内容流行度的排序填写在请求报文报头中的 Rank 选项域。之后，接入路由器按照普通路由器的方式处理。普通路由器首先将其缓存容量与请求报文中的CacheSum 选项域相加，之后与请求报文中的 Rank 选项域进行比较。如果叠加后

的 CacheSum 仍小于请求报文中的 Rank 选项域,则说明该服务内容应该存储在后续传输节点上。如果新的 CacheSum 大于或等于请求报文的 Rank 选项域,则说明该路由器需要存储该服务内容。此时,该路由器将其路由器序号写入请求报文中 Router-ID 选项域,并将请求报文中的 Rank 选项域改写为 MAX,这样,后续路由器将不会存储该服务内容。之后,普通路由器将查询本地 CL,如果存在被请求的服务内容,普通路由器复制请求报文中的 Router-ID 选项域至返回的服务内容报文头部对应处并回传。反之,路由器根据转发表继续发送请求报文。当服务内容回传时,沿途路由器查看返回报文中的 Router-ID 选项域是否属于自己,若是,则缓存该服务内容,否则直接转发。

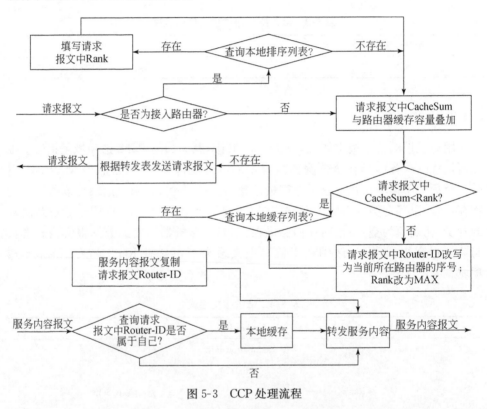

图 5-3　CCP 处理流程

CCP 旨在将流行的服务内容存储在传输路径有限的缓存资源上,并且,越流行的内容越靠近用户。由于服务内容在请求时已经被指定缓存位置,路由器的缓存替代速率大幅降低,非流行服务内容替代流行服务内容的现象也得到有效的缓解。这样,缓存内容的稳定性得以保证,被共享的概率也大幅增加,服务内容适配效益显著提升。然而,CCP 付出的代价是每个接入网的服务内容流行度感知节点需要为每个服务内容记录请求数量。一方面,服务请求报文转发到服务内容流行度感知节点会造成链路带宽的额外开销;另一方面,服务内容流行度感知节点需要维护很长的服务内容列表并进行排序操作。

对于链路开销的问题,由于一个区域内的请求分布大致相同,接入网的服务内容流行度感知节点可随机选取某个或某几个用户作为探测服务内容流行度的样本,这样可有效降低链路的开销。对于服务内容流行度感知节点自身处理开销的问题,本节所提流行度测试方法仅仅是初步方案,由于传输路径上无法存储所有服务内容,服务内容流行度感知节点也没必要存储所有服务内容的请求数量。该问题的实质其实与缓存替代策略所解决的问题完全一样,即在一个有限长度的列表中进行表项优先级的排序。服务内容流行度感知节点只需要知道服务内容的排序而不是具体请求数量,可使用基于频率的替代策略进行流行度的排序,如 P-LFU(period least frequently used)、LFU-DA(LFU-dynamic aging)等[9],其周期内的复杂度均为 $O(\log_2 n)$。需要说明的是,服务内容感知节点对服务内容流行度测算策略的复杂度与路由器在缓存策略上的复杂度完全无关,故前者可使用复杂度更高、但流行度测算更加准确的策略。

5.3.3 操作示例

图 5-4 给出了一个用户发送请求报文至服务器的示例,以说明路由器对请求报文操作的过程。图中三台路由器序号分别为 1、2、3,每台路由器可容纳 5 个服务内容。假设被请求的服务内容排序为 12,且途中路由器并未缓存该服务内容。由

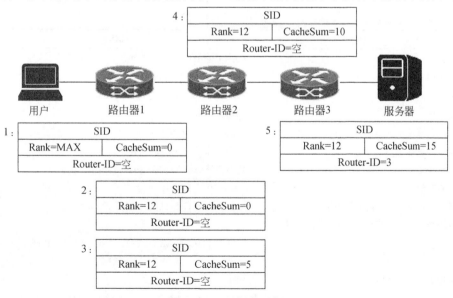

图 5-4 CCP 操作示例

于路由器 1 为用户接入路由器,其将首先查询本地排序列表,发现该服务内容的排序为 12,并将 12 填写至请求报文中的 Rank 选项域;之后,该路由器将服务请求中的 CacheSum 选项域改写为 5,并将修改后的服务请求发往下一跳路由器。路由器 2 收到请求报文后,首先将报头中的 CacheSum 选项域改写为 10。由于修改后的 CacheSum 选项域的值小于请求报文中 Rank 选项域的值,路由器 2 继续将请求报文发往下一跳。类似地,路由器 3 首先将请求报文中的 CacheSum 选项域改写为 15。由于修改后的 CacheSum 选项域的值大于请求报文中 Rank 选项域的值,路由器 3 将请求报文中的 Router-ID 选项域改写为 3 并将请求报文中的 Rank 选项域改写为 MAX。这样,当服务内容回传时,只有路由器 3 对相关数据进行存储。

5.4　性能测试与分析

为了验证 SCP 和 CCP 的性能,利用基于 NS3[10] 的 ndnSIM[11] 进行仿真实验,并对其他复杂度为 $O(1)$ 的缓存准入策略 LCD[12]、MCD[12]、Prob[12]、ProbCache(PRC)[13]、ProbCache$^+$(PRC$^+$)[14]、Betw(BTW)[15]、PCSL[16] 也在仿真中予以实现,连同 LCE 策略[12] 共同作为 SCP 和 CCP 的对比项。其中,PCSL 参数 P_{sl} 和 p_c 根据文献[14]设置为 0.1 和 0.5,设置二级列表长度为缓存列表长度的 10 倍。需要说明的是,所有准入策略均使用 LRU 作为缓存替代策略。仿真相关参数如表 5-5 所示。另外,在未特别说明的情况下,各参数选用其默认值。

表 5-5　仿真参数

参数	描述
拓扑	6 层树型拓扑,含 625 个节点 AS-7018 拓扑
服务内容总量 N	$N = 10000$ 个服务内容
全网服务请求分布	Zipf 分布,$0.5 \leqslant \alpha \leqslant 1.5$,默认为 1.0
用户请求到达分布	泊松分布,$\lambda = 10$Hz
路由器缓存容量 C	$10 \leqslant C \leqslant 100$,默认为 50
服务器数量	树型拓扑:1;AS-7018 拓扑:100
用户数量	树型拓扑:32;AS-7018 拓扑:100
仿真时间 T	$T = 1000\text{s} + 10000\text{s}$
SCP 潜在流行服务内容列表长度 L	$10\%C \leqslant L \leqslant C$,默认为 $20\%C$
CCP 服务内容流行度感知节点测算周期 τ	$\tau = 10\text{s}$
本地缓存准入策略	SCP、CCP、LCD、MCD、BTW、PRC、PRC$^+$、Prob(0.01)、Prob(0.3)、Prob(0.7)、PCSL、LCE
本地缓存替代策略	LRU
性能评估指标	用户获取服务内容距离、缓存路由器服务内容替代速率、请求报文接收速率

仿真实验中,假设网络某一域内共有 10000 个数据大小相同的服务内容供用户请求,并且,所有用户的服务内容请求数量服从 Zipf 分布,倾斜参数在 0.5～1.5变化。同时,每个用户的服务请求到达过程服从速率为 $\lambda=10Hz$ 的泊松分布。此外,路由器缓存所能容纳的服务内容个数,即 CL 长度在 10～100 变化,初始时,缓存为空。对于 SCP,其 PPSL 长度默认为 CL 长度的 20%。对于 SCP,服务内容感知节点测算服务内容流行度的周期为 10s,γ 为 0.85。仿真持续时间为 11000s,其中前 1000s 用于缓存内容填充,后 10000s 用于相关准入策略性能分析。

所有本地缓存准入策略将分别在 6 层二叉树型拓扑和含 625 个节点的真实网络拓扑 AS-7018[17] 中测试。其中,在树型拓扑中,一个服务器接在树根处,32 个模拟用户分别接到 32 个叶子节点上。树型拓扑呈规范的层次化结构,易于实现服务请求的聚合。而在 AS-7018 拓扑结构中,如图 5-5 所示,该拓扑共有 2101 条链路,接入节点有 296 个,网关节点 108 个,骨干网节点 221 个。100 个模拟服务器和100 个模拟用户随机接入不同的接入节点中。10000 个服务内容也随机分布到这100 个模拟服务器中,而每个服务内容只被某一个模拟服务器提供。AS-7018 拓扑属无标度网络,结构更具一般性。需要额外说明的是,在树型拓扑中,CCP 的服务内容感知节点部署在叶子节点的父亲节点上,而在 AS-7018 拓扑中,服务内容感知节点则部署在网关节点上。测试的性能指标包括以下几个方面:

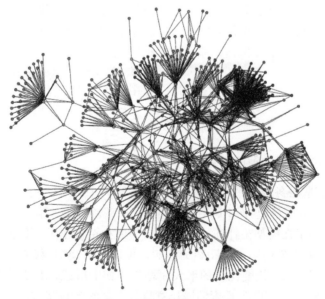

图 5-5　AS-7018 拓扑结构

(1)用户获取服务内容距离,即服务请求报文遇到内容副本的平均跳数,等于所有请求报文经过的跳数之和与总请求数量的商,反映了路由器缓存使用的效率,距离越短,适配效益越高。其瞬时表达式和平均表达式如式(5-3)和式(5-4)所示。$h_c(t)$ 表示在 $[t-1,t]$ 时间内,所有用户获取内容 c 所需要的跳数总和;$n_c(t)$ 表示在 $[t-1,t]$ 时间内,所有用户获取内容 c 的请求数量。需要说明的是,在测算服务获取距离时,由于其他策略并未考虑服务解析问题,公平起见,SCP 和 CCP 在测试时路由器已具有所有服务内容准确的可达信息。

$$\text{Hopcount}(t) = \sum_{c=1}^{N} h_c(t) / \sum_{c=1}^{N} n_c(t) \qquad (5\text{-}2)$$

$$\overline{\text{Hopcount}} = \sum_{t=1}^{T} \sum_{c=1}^{N} h_c(t) / \sum_{t=1}^{T} \sum_{c=1}^{N} n_c(t) \qquad (5\text{-}3)$$

(2)缓存路由器服务内容替代速率,即所有路由器每秒钟删除缓存中服务内容数量之和,反映出被缓存服务内容的稳定性,替代速率越低,越利于服务内容的共享。其瞬时表达式和平均表达式如式(5-4)和式(5-5)所示。$e_{vc}(t)$ 表示在 $[t-1,t]$ 时间内,路由器 v 对服务内容 c 的删除次数。

$$\text{EvictionCount}(t) = \sum_{v=1}^{V} \sum_{c=1}^{N} e_{vc}(t) \qquad (5\text{-}4)$$

$$\overline{\text{EvictionCount}} = \sum_{t=1}^{1} \sum_{v=1}^{V} \sum_{c=1}^{N} e_{vc}(t) / T \qquad (5\text{-}5)$$

(3)缓存路由器接收请求报文的速率,即所有路由器每秒钟发送请求报文的数量。由于一个服务请求报文回复一个服务内容报文,其可以粗略地反映出网络中的流量状况。其瞬时表达式和平均表达式如式(5-6)和式(5-7)所示。$r_{vc}(t)$ 表示在 $[t-1,t]$ 时间内,路由器 v 发送的服务请求报文数量。

$$\text{RequestCount}(t) = \sum_{v=1}^{V} \sum_{c=1}^{N} r_{vc}(t) \qquad (5\text{-}6)$$

$$\overline{\text{RequestCount}(t)} = \sum_{t=1}^{1} \sum_{v=1}^{V} \sum_{c=1}^{N} r_{vc}(t) / T \qquad (5\text{-}7)$$

5.4.1 自身参数对其性能的影响

首先,以获取服务内容平均距离为例,测试 SCP 中 PPSL 对其性能的影响。路由器 CL 长度为其默认值,而 PPSL 长度则在 5~50 个条目变化。

图 5-6 给出了在树型拓扑和 AS-7018 拓扑两种结构下 PPSL 长度与 CL 长度比例对 SCP 获取服务内容平均距离的影响。可以看出,SCP 获取服务内容平均距离随 PPSL 长度与 CL 长度比例的增大而增长。如上所述,LRU 并不能很好地识别出流行的服务内容,PPSL 长度的增长意味着更多的 SID 将被 SCP 记录,这大大降低了其替代速率,增加了非流行内容进入 PPSL,进而进入 CL 的可能,最终导致获取服务内容平均距离的小幅增长。在余下的测试中,PPSL 的长度设为 CL 长度的 20%。

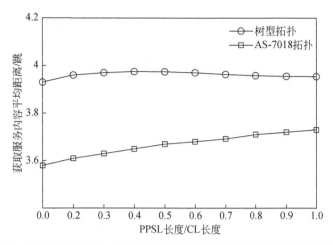

图 5-6　PPSL 长度与 CL 长度比例对 SCP 获取服务内容平均距离的影响

　　其次，同以获取服务内容平均距离为例，测试 CCP 服务内容流行度感知节点测算周期以及上一周期流行度权重系数 γ 对其性能的影响。图 5-7 和图 5-8 分别给出了在树型拓扑和 AS-7018 拓扑下服务器内容流行度感知节点流行度测算周期和权重系数对 CCP 获取服务内容平均距离的影响。可以看到，在树型拓扑下，CCP 获取服务内容平均距离均未发生明显变化；而在 AS-7018 拓扑下，由于网络规模的扩大，CCP 获取服务内容平均服务距离出现小幅下降。因此，测算周期以及上一周期流行度权重系数 γ 并非是影响 CCP 性能的主要因素。

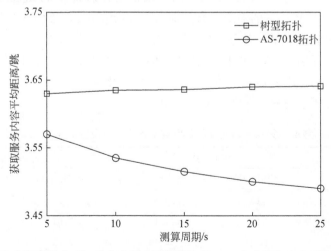

图 5-7　服务内容流行度感知节点流行度测算周期对 CCP 获取服务内容平均距离的影响

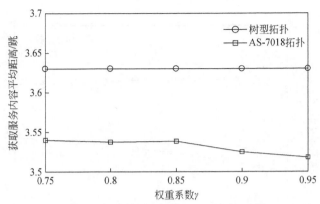

图 5-8　服务内容流行度感知节点上一周期流行度权重系数
对 CCP 获取服务内容平均距离的影响

另外,SCP 和 CCP 在两种拓扑下获取服务内容平均距离上的差异主要源于两种拓扑服务器数量、用户模拟器数量等设定以及拓扑本身特性的不同。

5.4.2　服务内容平均获取距离

服务内容的平均获取距离可以直观地反映出网络缓存的适配效益。一种好的缓存准入策略可以将流行的服务内容缓存在离用户更近的位置,进而降低用户获取时延、服务器负担以及网络流量。

根据各缓存准入策略在树型拓扑和 AS-7018 拓扑下用户瞬时获取服务内容距离可知,CCP 表现最优,在两种拓扑下的平均距离分别为 3.63 跳和 3.54 跳;SCP 表现次之,在两种拓扑下的平均距离分别为 3.98 跳和 3.62 跳;LCE 性能最差,在两种拓扑下的平均距离分别为 4.80 跳和 4.37 跳;而在路由器未开启缓存功能的情况下,用户两种拓扑下获取服务内容平均距离分别为 7 跳和 7.40 跳。各缓存准入策略相对于 LCE 的减少率如表 5-6 所示。相对于 LCE,CCP 的减少率在18.92% 以上,SCP 的减少率则在 17.08% 以上。

表 5-6　各准入策略瞬时获取服务内容平均距离以及相对于 LCE 的减少率

准入策略	树型拓扑		AS-7018 拓扑	
	平均距离/跳	减少率/%	平均距离/跳	减少率/%
CCP	3.63	24.39	3.54	18.92
SCP	3.98	17.15	3.62	17.08
LCD	4.08	14.95	3.85	11.78
MCD	4.23	11.84	4.10	6.10
BTW	4.11	14.39	4.11	5.93

续表

准入策略	树型拓扑		AS-7018 拓扑	
	平均距离/跳	减少率/%	平均距离/跳	减少率/%
PRC	4.32	9.93	3.95	9.44
PRC+	4.19	12.75	4.06	7.03
Prob(0.01)	3.95	17.75	3.78	13.41
Prob(0.3)	4.50	6.36	4.09	6.42
Prob(0.7)	4.70	2.15	4.27	2.15
PCSL	4.15	13.59	3.79	13.24
LCE	4.80	—	4.37	—
NoCache	7	—	7.40	—

具体来说,CCP 表现最优的原因在于其按照服务内容流行度排序递增的方式从用户方向依次在传输路径上存储服务内容,这样,更多的服务请求能够被就近满足。此外,由于传输路径上的缓存资源远不足以存储用户请求的所有服务内容,CCP 通过阻止排序靠后的服务内容进入缓存而实现降低路由器服务内容替代速率的目的,以保证被缓存服务内容的稳定性,利于其后续共享。另外,SCP 性能较好,源于其在真正缓存服务内容前使用替代速率极高的 PPSL 对服务内容进行过滤,并且只存储能保留在该列表中被再次命中的服务内容。这样,只有请求数量较多的流行服务内容才能进入路由器的缓存,加之传输路径上所有节点的层层过滤,最终,流行的服务内容才能保存在网络的边缘,靠近用户,这也是 SCP 优于 LCD 的主要原因。CCP 与 SCP 的测试结果也说明了将流行服务内容存储在网络边缘的设计理念正确有效。

LCD 能很好地降低获取服务内容平均距离是因为其根据用户需求令下游路由器存储服务内容,即缓存中服务内容每被请求一次,该服务内容存储位置下移一跳。但是,LCD 只通过传输路径对服务内容进行过滤,其性能受限于服务请求频率和传输路径的长度。当用户请求频率较高、传输路径较短时,其过滤作用无法有效地发挥出来。MCD 表现逊于 LCD 的原因则是 MCD 在向下游传输命中的服务内容后会将其删除。路由器缓存替代速率极高,能在缓存中命中的服务内容很有可能是流行服务内容,将其删除不利于后续共享。

BTW 利用网络拓扑特性缓存服务内容,但由于并未直接考虑服务内容的流行度,其表现在两种拓扑下中规中矩。BTW 可看成是更为激进的 LCD,其将服务内容存储在传输路径上 BC 值最大的路由器上。这样,缓存中的服务内容每被请求一次,其将被存储在距离缓存命中路由器多跳的下游节点上。因此,在 BTW 中,能够参与服务内容过滤的路由器数量较之 LCD 大大降低,被选中的缓存节点服务内容替代速率极高,这也是 BTW 性能劣于 LCD 的主要原因。

　　PRC 和 PRC⁺是基于概率的准入策略,在路由器缓存容量相同的情况下,其服务内容的缓存判别依据只与路由器在传输路径上的位置有关,未直接考虑服务内容的流行度。Prob 则是一种更为简单的基于概率的准入策略,其以固定概率存储服务内容。Prob(0.01)的性能优于 Prob(0.3)、Prob(0.7)、PRC 和 PRC⁺,在于其极低的缓存概率,这样,只有拥有足够多请求数量的服务内容才能进入缓存。因此,Prob(0.01)可以间接反映出服务内容的流行度。但是,如何设置最优的缓存概率是一个复杂问题,其与请求频率、拓扑大小、流量模型等紧密相关,并且过低的缓存概率使得服务内容流行度过滤十分缓慢。例如,Prob(0.01)在含 63 个节点且层次结构鲜明的树型拓扑下表现出色,但在含 625 个节点的无标度网络 AS-7018 拓扑下则需要较长时间才进入稳态。

　　PCSL 性能较好的原因是其在缓存服务内容前引入用于过滤非流行服务内容的二级列表,并结合 Prob(p)存储筛选出来的服务内容。但是 PCSL 的性能严重受限于 p_c 和 p_d 的设置,并且较之 SCP,PCSL 使用更长的二级列表长度。

　　LCE 如前面所述,由于路由器缓存替代速率极高且 LRU 识别流行服务内容能力较差,其不做任何限制而将服务内容存储在沿途所有路由器上,一方面,完全暴露了 LRU 的固有缺陷,另一方面,严重浪费了传输路径上的缓存资源,其性能表现最差也是情理之中。

　　图 5-9 和图 5-10 给出了在两种拓扑下路由器缓存容量对各准入策略获取服务内容平均距离的影响。可以看到,各准入策略变化趋势在不同类型拓扑下基本稳定,除了 Prob(0.01)在 AS-7018 拓扑下性能下降较快。路由器缓存容量的增大导致各准入策略获取服务内容平均距离的降低,但所有曲线的下降速率也逐渐放缓,原因在于更多的流行服务内容被路由器缓存下来,但排序靠后的流行服务内容的请求数量要远远小于排序靠前的流行服务内容的请求数量。可以预见,当缓存增大到一定程度时,缓存的增加并不能提高网络缓存适配效益。而这个程度则与Zipf 分布相关。α 可理解为决定内容重要性的参数。当其为 0 时,Zipf 分布弱化为均匀分布,每个内容都是同等重要的,此时,加大路由器缓存容量的效果是十分明显的。而当 α 很大时,绝大部分请求都集中于很小一部分流行服务内容,这时,保证这一小部分流行服务内容的存储即可。

　　图 5-11 和图 5-12 给出了在两种拓扑下,Zipf 分布倾斜参数对各准入策略获取服务内容平均距离的影响,可与看到,相比于路由器缓存容量,Zipf 分布倾斜参数对各准入策略性能的影响更加直接。当 $\alpha=0.5$ 时,性能最差的 LCE 在两种拓扑下获取服务内容平均距离为 6.85 跳和 6.80 跳,而性能最好的 CCP 在两种拓扑下获取服务内容的平均距离则为 6.33 跳和 6.23 跳。相比之下,当 $\alpha=1.5$ 时,即使是性能最差的 LCE 在两种拓扑下获取服务内容的平均距离也仅为 1.72 跳和 1.56

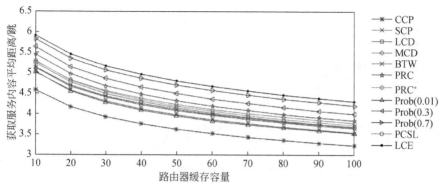

图 5-9　树型拓扑下路由器缓存容量对各准入策略获取服务内容平均距离的影响

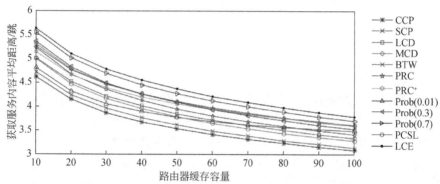

图 5-10　AS-7017 拓扑下路由器缓存容量对各准入策略获取服务内容平均距离的影响

跳。而性能最优的 CCP 在两种拓扑下获取服务内容的平均距离也不过为 1.37 跳和 1.35 跳。显然，此时使用操作更加复杂的缓存准入策略并无太多意义。因此，缓存准入策略是否能发挥其作用与 Zipf 分布的倾斜参数密切相关。

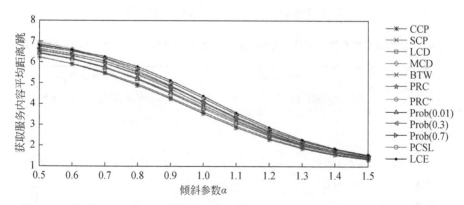

图 5-11　树型拓扑下 Zipf 分布倾斜参数对各准入策略获取服务内容平均距离的影响

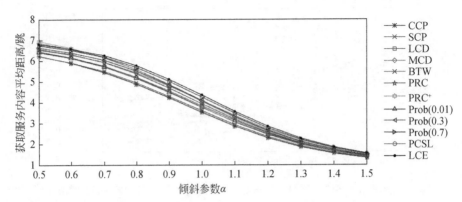

图 5-12　AS-7018 拓扑下 Zipf 分布倾斜参数对各准入策略获取服务内容平均距离的影响

5.4.3　缓存路由器服务内容替代速率

　　缓存路由器服务内容替代速率可以直观反映出缓存中服务内容的稳定程度。一种好的缓存准入策略具有较低的服务内容替代速率，以提升服务内容的共享率。

　　各准入策略全网缓存路由器的瞬时服务内容替代速率平均值及相对于 LCE 的减少率如表 5-7 所示。可以看到，LCE 的全网缓存路由器服务内容替代速率最高，在两种拓扑下分别达到平均每秒 1213.11 次和平均每秒 578.11 次。由于路由器的缓存资源十分紧张，一个新服务内容的存储势必引起另一被存储服务内容的删除，而 LCE 不加限制地在传输路径所有路由器上存储新服务内容，更加快了路由器所存服务内容的替换频率，这也是 LCE 表现最差的本质原因。Prob(0.7)、Prob(0.3) 及 Prob(0.01) 的性能都优于 LCE 也恰恰说明了这一观点。其他准入策略表现都好于 LCE 的原因也在于其从不同角度出发、不同程度地限制了进入缓存的服务内容，以到达降低路由器服务内容替代速率的目的。

表 5-7　各准入策略全网缓存路由器瞬时服务内容替代速率以及相对于 LCE 的减少率

准入策略	树型拓扑		AS-7018 拓扑	
	每秒删除操作量	减少率/%	每秒删除操作量	减少率/%
CCP	11.31	99.07	28.76	95.03
SCP	10.61	99.13	10.39	98.20
LCD	182.80	84.93	101.75	82.40
MCD	182.71	84.94	102.31	82.30
BTW	182.71	84.94	98.06	83.04
PRC	163.92	86.49	82.64	85.71

续表

准入策略	树型拓扑		AS-7018 拓扑	
	每秒删除操作量	减少率/%	每秒删除操作量	减少率/%
PRC$^+$	37.67	96.89	19.01	96.71
Prob(0.01)	9.55	99.21	4.26	99.26
Prob(0.3)	335.67	72.33	156.02	73.01
Prob(0.7)	826.89	31.84	390.40	32.47
PCSL	61.26	94.95	31.21	94.60
LCE	1213.11	—	578.11	—
SCP-PPSL	179.90	—	95.06	—

CCP 和 SCP 的全网缓存路由器服务内容替代速率都相对较低,在两种拓扑下,CCP 分别为平均每秒 11.31 次和平均每秒 28.76 次,SCP 分别为平均每秒 10.61 次和平均每秒 10.39 次。其原因在于 CCP 指定了服务内容在传输路径的存储位置并阻止非传输路径所能容纳的服务内容进入缓存,而 SCP 则将服务内容替代速率转嫁到 PPSL 的表项替代速率。在两种拓扑下,SCP 的 PPSL 表项替代速率仅为平均每秒 179.90 次和平均每秒 95.06 次,这一替代速率较之 LCE 以及其他准入策略的服务内容替代速率并不高。因此,SCP 的实际开销并不大,且性能表现良好。

另外,Prob(0.01)在两种拓扑下的全网缓存路由器服务内容替代速率都相对很低,尤其是在 AS-7018 拓扑下,甚至远低于 SCP。但是,Prob(0.01)的服务内容平均获取距离并未低于 CCP 和 SCP,这也说明了按需求合理规划服务内容在传输路径上的存储位置才是提升路由器缓存效益的关键。

5.4.4　缓存路由器接收请求报文的速率

缓存路由器接收请求报文的速率可以直观反映出全网的流量情况,原因在于服务请求报文与服务内容报文一一对应。一种好的缓存准入策略具有较低的缓存路由器接收请求报文的速率。

各准入策略全网缓存路由器的瞬时接收请求报文速率平均值及相对于 LCE 的减少率如表 5-8 所示。可以看到,LCE 的全网缓存路由器接收请求报文速率最高,在两种拓扑下分别达到平均每秒 1534.50 次和平均每秒 4353.758 次,这也是其获取服务内容平均距离最长、全网缓存路由器服务内容替代速率最高的必然结果。相比之下,CCP 和 SCP 的全网缓存路由器接收请求报文速率相对较低,在两种拓扑下,CCP 分别为平均每秒 1161.85 次和平均每秒 3544.127 次,而 SCP 分别为平均每秒 1292.03 次和平均每秒 3666.371 次。

表 5-8　各准入策略全网缓存路由器瞬时接收请求报文速率及相对于 LCE 的减少率

准入策略	树型拓扑		AS-7018 拓扑	
	每秒收到请求数	减少率/%	每秒收到请求数	减少率/%
CCP	1161.85	24.28	3544.127	18.60
SCP	1292.03	15.80	3666.371	15.79
LCD	1307.05	14.82	3853.419	11.49
MCD	1354.68	11.72	4118.765	5.40
BTW	1315.60	14.27	4102.808	5.76
PRC	1383.48	9.84	3952.952	9.21
PRC$^+$	1341.47	12.58	3950.718	9.26
Prob(0.01)	1264.70	17.58	3641.062	16.37
Prob(0.3)	1438.49	6.26	4080.311	6.28
Prob(0.7)	1502.18	2.11	4261.995	2.11
PCSL	1328.00	13.46	3786.349	13.03
LCE	1534.50	——	4353.758	0.00
CCP-Report	646.90		2021.665	——

另外，CCP 中接入路由器向服务内容流行度感知节点发送报告的速率在两种拓扑分别为平均每秒 646.9 次和平均每秒 2021.665 次，这一发送速率较之 LCE 及其他准入策略的缓存路由器接收请求报文速率也并不高，并且该报告只是信令信息，其报文大小远远小于服务内容报文大小。因此，CCP 的实际开销也不大，且性能优异。

综上，所提缓存策略 SCP 和 CCP 在用户服务内容、缓存路由器服务内容替代速率及缓存路由器请求报文接收速率较之其他策略，如 LCD、MCD、BTW、PRC、PRC$^+$、Prob(0.01)、Prob(0.3)、Prob(0.7)、PCSL、LCE 等具有明显优势，原因在于 SCP 和 CCP 将服务内容流行度这一重要因素考虑在内，并通过适当的筛选机制将流行的服务内容存储在离用户更近的地方，以此降低用户服务内容获取时延、网络中的重复流量和服务器的负载。

5.5　小　　结

本章首先分析了路由器缓存网络的重要特点以及影响缓存准入策略性能的主要因素。之后，提出了两种时间复杂度为 $O(1)$ 的路由器缓存准入策略 CCP 和 SCP，旨在降低用户数据获取时延、服务器负载以及网络流量，提升服务内容适配效益。最后，通过搭建仿真环境，在 6 层树型拓扑和含有 625 个节点的真实网络拓扑对 CCP 和 SCP 的性能进行性能评估，并与 LCD、MCD、Prob、BTW、PRC、PRC$^+$、PCSL 以及 LCE 进行性能对比。结果显示，CCP 和 SCP 在所测性能指标中表现良好，且开销尚可。这也印证了其设计理念的正确性。

参 考 文 献

[1] Barish G, Obraczke K. World wide web caching: Trends and techniques [J]. IEEE Communications Magazine, 2000, 38(5): 178-184.

[2] Pathan M, Buyya R. A Taxonomy of CDNs [M]. Berlin: Springer, 2008.

[3] Podlipnig S, Böszörmenyi L . A survey of web cache replacement strategies[J]. ACM Computing Surveys, 2003, 35(4):374-398.

[4] Balamash A, Krunz M. An overview of web caching replacement algorithms [J]. IEEE Communications Surveys & Tutorials, 2004, 6(2): 44-56.

[5] Arianfar S, Nikander P, Ott J. On service-centric router design and implications[C]//ACM Re-Architecting the Internet Workshop, Philadelphia, 2010.

[6] Perino D, Varvello M, Linguaglossa L, et al. Caesar: A service router for high-speed forwarding on service names[C]//ACM/IEEE Symposium on Architectures for Networking and Communications Systems, Los Angeles, 2014.

[7] Rossi D, Rossini G. Caching performance of service centric networks under multi-path routing (and more)[R]. Paris: Telecom ParisTech, 2011.

[8] EWMA. NIST/SEMATECH e-Handbook of Statistical MethodsNIST/SEMATECH e-Handbook of Statistical Methods [EB/OL]. http://www. itl. nist. gov/div898/handbook/pmc/section4/pmc431. htm[2018-12-25]

[9] Arlitt M, Cherkasova L, Dilley J, et al. Evaluating content management techniques for web proxy caches[J]. ACM SIGMETRICS Performance Evaluation Review, 2000, 27(4):3-11.

[10] ns-3 Team of Open Source Initiative. ns-3 [EB/OL]. https://www. nsnam. org/[2018-9-5].

[11] Mastorakis S, Afanasyev A, Moiseenko I, et al. ndnSIM 2. 0: A new version of the NDN simulator for NS-3[R]. Los Angeles: University of California, Los Angeles, 2015.

[12] Laoutaris N , Syntila S , Stavrakakis I . Meta algorithms for hierarchical web caches[C]// IEEE International Conference on Performance, Computing, and Communications, Phoenix, 2005.

[13] Psaras I , Chai W K , Pavlou G . Probabilistic in-network caching for information-centric networks [C]//Edition of the ICN Workshop on Information-centric Networking, Helsinki, 2012.

[14] Psaras I, Chai W, Pavlou G. In-network cache management and resource allocation for information-centric networks[J]. IEEE Transactions on Parallel and Distributed Systems, 2014, 25(11): 2920-2931.

[15] Chai W, He D, Psaras I, et al. Cache "less for more" in information-centric networks (extended version)[J]. Computer Communications, 2013, 36(7): 758-770.

[16] Garcia- Reinoso J，Vidal I，Diez D，et al. Analysis and enhancements to probabilistic caching in Service-centric networking［J］. The Computer Journal，2015，58（8）：1842-1856.

[17] Spring N, Mahajan R,Wetherall D. Measuring ISP topologies with rocketfuel[J]. IEEE/ ACM Transactions on Networking，2002，32(4)：133-145.

第6章 ICN 缓存策略

6.1 引　言

随着网络中数据流量的不断增加,传统的以主机为中心的网络体系架构正在面临一系列的挑战。一方面,网络流量过载容易导致访问过程中时延较长;另一方面,网络数据存在大量的冗余但能被重复利用的部分相当小。为适应海量、异质信息的访问,ICN[1-4]采用以信息为中心的网络通信模式取代传统的以主机为中心的网络通信模式,将信息传输模式由"推"改为"拉"。ICN 中将内容单独命名,路由器根据内容名字进行路由和转发,路由器可以对内容进行缓存以便再次访问,这种缓存称为网内缓存。

网络中每个节点都配有内置缓存,能够存储一部分热门内容,使得用户的部分请求能够在距离用户较近的路由节点上得到响应,这样用户发出的请求包和命中之后回传的数据包能够以更少的跳数到达目的地,不但提高了用户获取内容的速度,而且减少了带宽资源浪费和服务器负载。因此,缓存的使用大大改善了网络的运行环境,提高了信息传输的效率。然而,一般的缓存方案普遍存在冗余过多、利用率低、替换率过高以及内容差异率低等问题。部分改进缓存方案虽然在一定程度上提升了缓存性能,但也引入了大量开销。因此,如何进行合理的内网缓存仍是 ICN 关注的重点。

本章研究 ICN 的缓存策略,提出了基于节点利用比的缓存策略(node utilization ratio based caching scheme,NURBCS)和基于内容分块流行度和收益的缓存策略(popularity and gain based caching scheme,PGBCS),可在引入较小额外流量的情况下,大幅提高缓存性能。

6.2　基于节点利用比的内容缓存策略

6.2.1　缓存策略的目标及考虑因素

1. ICN 缓存策略的目标

使用缓存的目的之一是使用户能够在距离自己较近的路由节点上获取请求内容,减少直接访问服务器的频率,从而降低了服务器负载、减小时延、节省带宽资源

等。为了能够达到 ICN 缓存目标,设计的缓存机制需要达到以下几个方面的效果:

(1) 流行度越高的内容缓存到离用户越近的节点上。由于流行度越高的内容被访问的次数越多,将这些内容缓存到距离用户较近的节点上,用户的请求包能够以更少的跳数命中,数据包也能够更快地回传给用户,降低了用户的访问时延,节省了网络带宽。

(2) 尽量缓存更多种类的内容。缓存的内容种类越多,缓存中率就会越高,就越能够降低服务器的负载,达到更好的缓存效果。在有限的缓存空间里,为了使缓存内容多样化,应尽可能地避免缓存相同的内容,以防不必要的缓存空间浪费。

(3) 缓存的内容能够被充分利用。一般情况下,不同的缓存策略会选择不同的内容进行缓存和替换,若缓存的内容流行度比较低,用户访问次数很少,无疑会造成缓存空间的严重浪费,并且会造成用户的请求大多数在服务器端响应,不但不能减少网络链路的流量,还增加了服务器的负载。若流行度较高的内容在缓存中还没有被充分利用就被替换,同样会导致缓存效率的下降。

2. 缓存策略考虑的因素

通过对 ICN 缓存的分析,发现设计缓存策略需要考虑以下几个基本要求:

(1)内容的缓存时间。

(2)内容的流行度。

(3)内容的多样性。

(4)内容与用户间的距离。

(5)缓存空间的大小。

6.2.2　系统模型

将 ICN 建模为一个无向图 $G(V,E)$,其中 $V=\{v_1,v_2,\cdots,v_n\}$,$E=\{e_1,e_2,\cdots,e_m\}$。假设 ICN 内有 k 个不同的内容,即 $F=\{f_1,f_2,\cdots,f_k\}$ 表示内容集合。首先定义节点利用比(node utilization ratio,NUR)为

$$G(v)=\sum_{\substack{u\in U,w\in S\\u\neq w\neq v}}\sigma_{uw}(v)\Big/\sum_{v\in V}\sum_{\substack{u\in U,w\in S\\u\neq w\neq v}}\sigma_{uw}(v) \tag{6-1}$$

其中,U 为用户集合;S 为服务器集合;$\sigma_{uw}(v)$ 为一特定内容发现算法从节点 u 到节点 w 且经过节点 v 的内容传递路径数量。

内容流行度分布服从 Zipf 分布,具体描述为:第 h 个内容的流行度为

$$p_h=H/h^\alpha \tag{6-2}$$

其中,H 为一常数且满足 $\sum_{h=1}^{k}H/h^\alpha=1$;$\alpha$ 为 Zipf 排名指数。

本节综合了节点的重要程度以及内容流行度,引入内容经过节点的概率

(node-content pass probability, NCPP), 针对节点 v、流行内容排名为 h 的内容 f 的 NCPP 为

$$P(v,h) = \left(\sum_{\substack{u \in U, w \in S \\ u \neq w \neq v}} \sigma_{uw}(v) \Big/ \sum_{v \in V} \sum_{\substack{u \in U, w \in S \\ u \neq w \neq v}} \sigma_{uw}(v) \right) \frac{H}{h^{\alpha}} \qquad (6\text{-}3)$$

6.2.3　缓存算法

本节基于 NCPP 提出一种 NURBCS。若 $P(v,h)$ 的值最大, 则选择节点 v 内容排名为 h 的内容, 内容请求伪代码如算法 6-1 所示, 内容缓存与传输伪代码如算法 6-2 所示。

算法 6-1　内容请求伪代码

1　Initialize $P_{\max} = 0$
2　for each v_i ($i = 1,2,\cdots,n$) and requested content with the h_j - th popular content rank along the path from u to w
3　　　if　the requested content is also cached
4　　　　then　send the content data
5　　　else
6　　　　　Obtain $P(v_i,h_j)$
7　　　　　if　$P(v_i,h_j) > P_{\max}$
8　　　　　then　$P_{\max} = P(v_i,h_j)$
9　　　　end for
10　　　　end if
11　forwarding the content request to the next node towards w

算法 6-2　内容缓存与传输伪代码

1　$P_{\max}$ is recorded from corresponding content request
2　for each v_i ($i = 1,2,\cdots,n$) and requested content with the h_j - th popular content rank along the path from w to u
3　　　obtain $P(v_i,h_j)$
4　　　if　$P(v_i,h_j) == P_{\max}$ and the requested content size is lesser than the cache size of node v_i
5　　　then the node v_i cache the requested content
6　　　end if
7　　end for
8　forwarding the content data to the next node towards u

6.2.4　仿真实验

仿真实验使用开源 ndnSIM[5] 软件包, 实现了 NS-3 网络模拟器的协议栈, 通

过仿真结果评估提出方法的性能。首先定义算法性能的度量量,即服务器命中比,其定义为

$$\delta = \sum_{c=1}^{k} q_c \bigg/ \sum_{c=1}^{k} Q_c \qquad (6\text{-}4)$$

其中,q_c 为被请求内容 f_c 的服务器命中数;Q_c 为内容 f_c 的所有请求数。服务器命中率与内容请求数的关系如图 6-1 所示,服务器命中率与服务器度数的关系如图 6-2 所示。可以看出,提出的 NURBCS 服务器命中率均比随机缓存策略的服务器命中率低,这说明 NURBCS 大部分的服务请求由路由节点缓存的内容响应,提高了网络的响应效率,减少了服务器的负载。

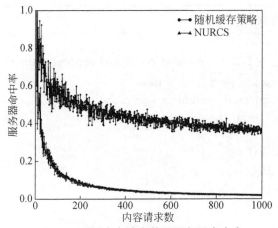

图 6-1　不同内容请求数的服务器命中率

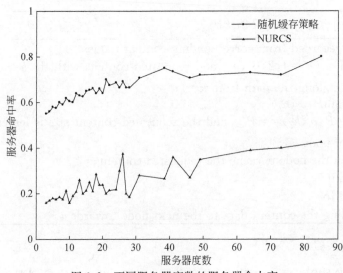

图 6-2　不同服务器度数的服务器命中率

6.3　基于内容分块流行度与收益的缓存策略

6.3.1　PGBCS 核心机制

1. PGBCS 命名机制

PGBCS 的命名采用层次化命名方法,不同的是将内容对象的名字细化至内容块级别。在层次化命名结构中,信息名字类似于 URL 的命名结构,聚合性很强。如图 6-3 所示,"/parc. com/music/Hiphop/example. mp3/chunk1"表示一个具体的内容块,其中,"/parc. com/music/Hiphop"表示内容的前缀,可以用来检索内容。"/parc. com"是内容提供者的标识,"/music/Hiphop"表示内容的类别,"/example. mp3"表示一首歌曲的名字。"/chunk1"则表示该首歌曲的一个分块。

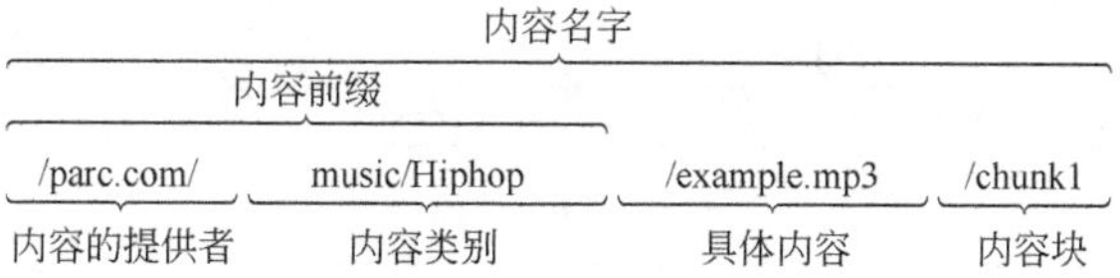

内容名字结构

内容前缀		内容名字	
/parc.com/	music/Hiphop	/example.mp3	/chunk1
内容的提供者	内容类别	具体内容	内容块

图 6-3　内容名字结构

2. PGBCS 的包类型

PGBCS 包括两种类型的包,即兴趣包和数据包。如图 6-4 所示,兴趣包主要由内容标识名、选择选项和 Nonce 组成。在该结构中,如优选顺序、发布者过滤、选择范围等字段共同组成了兴趣包的选择选项。在图 6-5 中,数据包的结构组成包括内容标识名、签名、签署信息和数据等,其中,签名中包含摘录算法、身份验证等信息,而签署信息中包含有内容发布者的 ID、密钥定位、失效时间等。当用户需要请求内容时,就发送包含内容块的标识名的兴趣包,节点收到兴趣包后,取出数据

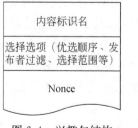

图 6-4　兴趣包结构

图 6-5　数据包结构

块标识并依据该标识进行路由转发,兴趣包经过一系列转发。如果最终在路由节点或源服务器发生命中,则命中节点将内容块打包成数据包,数据包沿着兴趣包的转发路径反向回传给用户;如果没有找到请求的内容,则丢弃兴趣包。到此就完成了内容块的请求与获得的过程。

　　在 ICN 中,每个路由节点中都维护着三张表,兴趣包和数据包的处理过程都是围绕着这三张表进行,它们分别是 CS、PIT 和 FIB,如图 6-6 所示。其中 CS 负责存储数据,PIT 负责记录请求端口,FIB 负责寻找下一跳转发节点,它们共同完成了兴趣包和数据包的存储、转发和路由等。

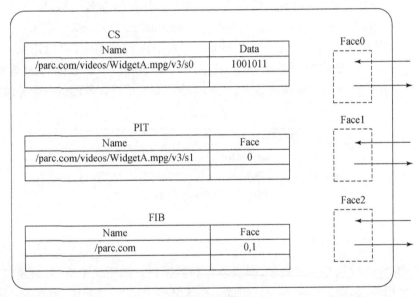

图 6-6　节点模型

　　CS 与 TCP/IP 网络路由器的缓存有相似之处,但不同的是,ICN 路由节点在结束数据包转发任务后,会将数据存储在 CS 中,以便为其他用户提供服务。而 TCP/IP 网络路由节点在完成数据包转发之后,直接将缓存中的数据丢弃。ICN 的这一特点可以帮助减少内容请求时延,减少网络流量,提高网络性能。

　　PIT 用于记录经过节点的请求信息,如信息名字和转发的端口号。当请求命中后,能够实现数据包到用户的顺利回传。也就是说,请求包的转发轨迹被完整地记录下来,当获取到请求内容时,数据包在回传的过程中,依据 PIT 所记录的兴趣包的轨迹,原路返回给请求端。同时,路由节点在完成数据包的回传后,删除 PIT 中的请求条目。

　　FIB 与 TCP/IP 网络的路由表相似,当兴趣包在 CS、PIT 中未找到匹配的条目时,即兴趣包没有被处理,此时,需要查找 FIB,FIB 向兴趣包指明到达源服务器的下一跳端口。与 IP 路由器不同,ICN 具有多播的功能,路由节点可以向多个方向转发兴趣包。

3. PGBCS 的转发机制

PGBCS 的转发包括节点收到兴趣包和节点收到数据包。

1)收到兴趣包的处理流程

PGBCS 采用最大匹配算法来进行兴趣包请求的查询,目的是找到与用户请求一致的内容标识。兴趣包的查找策略主要依据 CS、PIT、FIB 三张表依次进行查询,兴趣包和数据包的处理过程如图 6-7 所示。

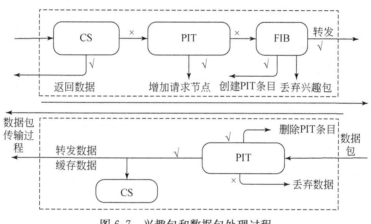

图 6-7　兴趣包和数据包处理过程
×查询失败;√查询失败

首先,兴趣包在 CS 中进行查询,若兴趣包中的内容标识在 CS 中匹配成功,即用户请求的内容缓存在 CS 中,节点直接将该内容发送到兴趣包的接收端口,并且丢弃该兴趣包。否则,需要查询 PIT,检索是否有对同一内容的尚未被响应的请求。

若在 CS 中找不到请求内容,节点需要按内容标识在 PIT 中进行查询。如果在 PIT 中匹配成功,节点就认为当前有用户请求过与兴趣包一致的内容,并且该内容请求已经被转发,内容正在获取的过程中。针对这种情况,节点只需要将请求到达的端口信息添加到相应的请求端口列表中,然后丢弃该兴趣包。否则,节点需要借助 FIB 进行查询。

若内容名字在 FIB 中匹配成功,则在 FIB 中对应的条目下找到转发的下一跳端口,通过这些端口将兴趣包转发到下个节点。兴趣包被转发时,需要先将请求达到的端口从 FIB 的端口列表中移除,然后检查 FIB 端口列表是否为空,若不为空,则向所有端口发送兴趣包,同时在 PIT 中添加一条新的请求项和端口列表。

如果上述三个过程都无法处理兴趣包,说明找不到相关的路由,此时应该丢弃兴趣包。

2)收到数据包的处理流程

当数据包到达路由器时,采用最大匹配算法对其内容标识进行查询。首先在CS中进行查询,如果在CS中没有该内容的缓存则进入PIT进行条目查询,否则直接丢弃该数据包;在进入PIT进行查询时,如果查询失败则直接丢弃该数据包;否则按照查询到的指示向下一个节点进行数据包的转发,然后当前节点依照一定缓存策略把该数据包中的内容缓存在路由器的CS中,如图6-8所示。

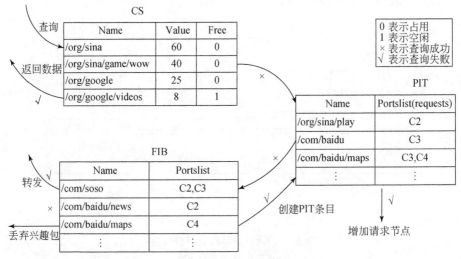

图6-8　PGBCS中包的处理流程

4. PGBCS 的基本思想

为了使 ICN 的缓存更加高效,设计了 PGBCS。为了衡量内容分块的流行度,定义了一个内容分块的价值指标,价值越大的内容分块意味着具有高的流行度。

PGBCS 的核心思想是:节点缓存空间中内容分块的价值是动态变化的,内容分块的价值随着时间呈指数级衰减;同时,为了保证流行度高的内容分块有高的缓存价值,缓存空间中内容分块的价值随着被请求次数的增加呈指数级增长,这样流行度高的内容分块的价值会远远高于流行度低的内容分块。当内容分块的价值低于设定的阈值时,其所占用的空间被标记为空闲,空闲中的内容分块并不立即被删除,只有当新的内容分块到达时才被替换出去,这样,空间中的内容可以继续为用户提供服务。当空间中的内容分块再度流行起来,并且价值高于设定的阈值时,取消其占用的空间的空闲标记。

　　兴趣包通过携带标签的方式进行路由,若沿途发生命中,则服务器或路由器将内容块打包成数据包沿 Interest 路径回传给用户。若 Interest 路径上存在空闲节点,则将内容分块存储在距离用户最近的空闲节点上;若 Interest 路径上不存在空闲节点,则选择一个能够使缓存收益最大化的节点作为最佳缓存节点。

　　兴趣包和数据包的路由、转发过程如下:路由器节点通过路由协议将自己缓存的内容块标识前缀发布出去,收到信息的节点建立 FIB。如果有多个兴趣包请求同一个内容块时,节点只转发收到的第一个兴趣包,并将所有兴趣包的请求信息记录到 PIT 中。当找到内容块需要回传时,数据包会在节点的 PIT 中找到需要转发的端口,将数据包沿着兴趣包的路径反向转发。完成转发之后,相应的 PIT 条目就被清除掉,而数据包中的内容块被缓存到指定节点的 CS 中。

6.3.2　PGBCS 原理

　　设计 PGBCS 的目标是取得高收益的缓存效果,相关符号定义如表 6-1 所示。

表 6-1　符号说明

符号	含义
O	内容分块
$\overline{w_i}$	节点 i 缓存内容分块的平均价值
S_i	节点 i 被占用的缓存空间
r_i	节点 i 预期占用的缓存空间
f_i	节点 i 空闲空间
C_i	节点 i 总的缓存空间
p_i	节点 i 的缓存占用率
d_i	节点 i 与用户的距离
D	Interest 路径的总长度
q_i	节点 i 到用户的距离与 Interest 路径长度的比
v_i	标识第 i 个节点
$M(v_i)$	节点 i 的缓存收益
w_0	内容分块的价值初始值
$m_i(O)$	节点 i 上对内容分块 O 的请求次数
$W_i(O)$	节点 i 上内容分块 O 的价值
$W_t(O)$	内容分块 O 在 t 时刻的价值

1. 缓存收益度量

　　如果将 ICN 中流行度较高的内容分块存储在距离用户比较近的节点上,则能够缩短兴趣包和数据包的转发路径,从而有效减少用户的访问时间,提升用户体验效果。然而,由于缓存容量的限制,并不是所有流行度高的内容分块都能存储在距离用户最近的节点上。在判断路径上哪个节点缓存内容分块能够使节点获得最大的缓存收益时,需要综合考虑节点的信息,包括节点已有缓存内容的价值、节点的空闲空间以及节点与用户的距离。

为路由器节点定义一个衡量缓存收益的指标 $M(v_i)$,$M(v_i)$ 值越大说明将新的内容分块缓存在该处能够使路径上节点整体缓存收益最大。节点 i 缓存内容分块的平均价值$\overline{w_i}$越小,说明该节点上的缓存需要被替换的可能性越大,$M(v_i)$ 值就越大;节点 i 的缓存占用率 p_i 越小,说明节点的空闲空间越大,将新内容分块存放在该节点上能够充分利用缓存空间,$M(v_i)$ 值就越大;节点 i 到用户的距离与 Interest 路径长度的比 q_i 越小,说明节点距离用户越近,将新内容分块存放在该节点上能够减少用户的访问延迟,$M(v_i)$ 值就越大。综合计算$\overline{w_i}$、p_i、q_i 求出 $M(v_i)$值。

(1)计算节点 i 缓存内容分块的平均价值:

$$\overline{w_i} = \frac{1}{n} \sum_{j=1}^{n} O_j \qquad (6\text{-}5)$$

其中,$\overline{w_i}$表示节点 i 缓存内容的平均价值;n 表示节点 i 中缓存的内容分块数目;O_j 表示第 j 个内容分块。

(2)计算节点 i 中缓存占用率:

$$p_i = \frac{S_i + r_i}{C_i} \qquad (6\text{-}6)$$

其中,S_i 表示节点 i 中内容分块(不包括空闲空间中的内容分块)占用的缓存空间;r_i 表示节点 i 中预期占用的缓存空间,r_i 的值等于经过节点 i 转发出去且尚未回传数据包的兴趣包数目。r_i 的最大值等于 $C_i - S_i$(即空闲空间的大小),这样能够保证 $0 < p_i < 1$。

(3)确定距离因子:

$$q_i = \frac{d_i}{D} \qquad (6\text{-}7)$$

其中,d_i 表示路径上节点 i 与用户的距离(跳数);D 表示 Interest 路径的总长度。

节点 i 的缓存收益指标计算公式:

$$M(v_i) = \frac{1}{\overline{w_i}} \frac{1}{p_i} \frac{1}{q_i} \qquad (6\text{-}8)$$

当节点 i 有空闲空间时,开放缓存服务器(open cache service,OCS)或路由器节点根据兴趣包中 f_i(节点空闲空间)选择最佳缓存节点,此时并不计算$M(v_i)$,所以不存在公式分母为零无意义的情况。

$M(v_i)$表征的是一个节点缓存新的内容分块的潜在收益。只有当数据包回传路径上所有的节点缓存已满,且无空闲空间时,才比较每个节点的 $M(v_i)$,选择

$M(v_i)$ 最大的节点作为潜在缓存节点,即新的内容分块缓存在该节点上能够使整体缓存收益最大。当数据包的回传路径上存在有空闲空间的节点时,只需将新的内容分块缓存到空闲空间即可,此时并不考虑节点的 $M(v_i)$ 大小。

2. 缓存价值计算

如果兴趣包在 OCS 处发生命中,则为该内容设定一个初始价值 w_0(该值大于设定的阈值),若被请求内容来自路由节点,则其初始价值就是其在该节点缓存中的价值。假设节点 i 与 OCS 距离为 1,节点 $i-1$ 位于节点 i 的下游,则内容分块 O 回传至节点 $i-1$ 时的价值为

$$\begin{cases} w_i(O)=w_0 a^{m_i(O)-1} \\ W_{i-1}(O)=w_i(O)a^{m_{i-1}(O)-1} \end{cases} \tag{6-9}$$

其中,$m_i(O)$ 表示返回路径上节点 i 对内容分块 O 的请求次数,之所以减 1 是因为避免重复计算第一次请求,$a(a>1)$ 为指数的底数,其值越大表明内容分块 O 的价值增长越快,默认 $a=2$。

节点 i 缓存中内容分块的价值增长规律为

$$W(O)=w_i(O)a \tag{6-10}$$

其中,$W(O)$ 是内容分块 O 被请求后的价值;$w_i(O)$ 是内容分块 O 被请求前的价值,内容分块 O 每请求一次其价值增长 a 倍$(a>1)$,a 值越大表明内容 O 的价值增长越快,默认 $a=2$。

节点 i 缓存中内容分块的价值衰减规律为

$$W_t(O)=w_i(O)b^{\frac{t-t_0}{\tau}} \tag{6-11}$$

其中,$W_t(O)$ 是内容分块 O 在 t 时刻的价值;$w_i(O)$ 是内容分块 O 价值衰减之前的价值;t_0 表示上次更新衰减的时间;$t-t_0$ 表示距离上次更新的时间;τ 是一个常数;$b(0<b<1)$ 是底数,该值越小表明内容分块 O 的价值衰减越快,默认 $b=0.5$,$\tau=1$。

缓存价值作为衡量内容分块流行度的指标,意味着流行度越高的内容分块具有越高的价值。本算法中内容分块的价值在缓存节点中是动态变化的,访问频率越高的内容分块具有较高的流行度,并且内容分块以指数规律增加或减少,这样,流行度高的内容分块其价值快速增长,流行度低的内容分块价值快速减小,当其价值低于设定的阈值时,其所占用的缓存空间被标记为"空闲",即可以被替换。

3. 流程设计

PGBCS 的请求是在单个兴趣包基础上进行的,结合节点对兴趣包和数据包的处理,PGBCS 可具体描述如下。

当用户发出一个请求,若兴趣包在节点缓存未命中且没有请求内容的 PIT 条

目时,都要记录经过的节点的 4 元组 $\langle v_i, d_i, f_i, M(v_i) \rangle$,并转发到下个节点。若兴趣包在节点缓存命中,则取出 4 元组集合,判断路径上是否存在 $f_i > 0$ 的节点(即空闲节点)。若存在,找出距离用户最近且 $f_i > 0$ 的节点 v_i,则在数据包回传给用户的过程中直接将内容分块 O 缓存在节点 v_i 上,将空闲空间内价值最低的内容分块替换出去;若不存在,则选择路径上 $M(v_i)$ 最大的那个节点 v_i 作为最佳缓存节点。当数据包回传至该节点时,与节点内价值最低的内容分块 $O_{\min}$ 进行比较,若内容分块 O 的价值不小于 $O_{\min}$ 的价值,则将内容分块 $O_{\min}$ 替换出去;若内容分块 O 的价值小于 $O_{\min}$ 的价值,说明内容分块 O 的流行度很小,则放弃缓存内容分块 O。

若兴趣包经过转发在 OCS 中发生命中,则 OCS 将内容分块打包成数据包沿路径回传给用户。首先,OCS 给内容块 O 分配一个初始价值 w_0,O 的价值在回传的过程中随着被请求次数的增加而增大。然后,OCS 决策内容分块 O 的存放位置,该过程与上述兴趣包在节点缓存命中之后的过程类似,不再赘述。PGBCS 的决策主要依据节点的 f_i 和 $M(v_i)$,所以命中节点可以依据这些信息独立做出判断,节点之间需要交互的额外信息较少,提高了算法的效率。

为了更清楚地说明 PGBCS 实现过程,算法 6-3 给出了 PGBCS 算法的伪代码。

算法 6-3　PGBCS算法伪代码

1	初始化
2	判断 Interest 路径上是否存在 $f_i > 0$ 的节点
3	case1:存在
4	if(节点的个数等于 1)
5	将内容分块 O 缓存在该节点的空闲空间内,并将空闲空间中价值最低的内容分块替换出去;
6	else
7	将内容分块 O 缓存在距离用户最近的节点的空闲空间内,并将空闲空间中价值最低的内容分块替换出去;
8	end if;
9	case2:不存在
10	选择 $M(v_i)$ 最大的节点作为最佳缓存节点;
11	if(内容分块 O 的价值不小于 $O_{\min}$ 的价值)
12	将内容分块 O 缓存在该节点,并将价值最低的内容分块 $O_{\min}$ 替换出去;
13	else
14	丢弃内容分块 O,放弃缓存;
15	end if

6.3.3　算法分析

PGBCS 是一种基于隐式协作的缓存策略,在综合考虑影响缓存收益的几种因素下,设计了一套算法、流程都比较简单的策略。虽然兴趣包需要携带一些标签信息,但这些信息量较小,无需太大的开销。下面对 PGBCS 进行分析。

1. 协作方式

PGBCS 采用隐式协作。显示协作机制需要预先知道大量的信息,如访问模式、缓存的结构以及每个节点的缓存状态等。然后在这些信息的基础上,通过复杂的计算得出内容对象的最佳放置位置。这种机制由于计算复杂,开销较大,所以不能满足 ICN 的要求。隐式协作仅需要交互很少的信息,便能够自主决定是否需要对对象进行缓存,因此算法复杂度低、通信开销小。

2. 决策时机

PGBCS 在对象返回和替换时决策最佳放置节点和缓存替换。当路径上不存在空闲节点时,选择一个能够使整体缓存收益最大化的节点作为最佳缓存节点,然后依据内容对象的价值选择需要替换的内容分块。

3. 决策依据

PGBCS 依据缓存节点与请求点的距离、对象流行度和节点缓存状态,综合度量寻找内容分块的放置位置。

4. 关联性

PGBCS 把每个内容分块看成是独立的、不关联的,对每个内容分块独立地做出是否缓存的决定。然而,在实际情况中,每个内容文件的分块存在相关性,PGBCS 没有有效利用这一特性。

5. 缓存冗余度

通过与其他缓存算法的对比,发现 PGBCS 具有较低的缓存冗余度。

6. 对象复制到边缘的速度

PGBCS 中,流行度高的内容对象能够很快扩散到网络边缘,流行度低的内容分块相对较慢,甚至被替换掉。

与一些经典的简单算法相比,PGBCS 在复杂度上虽然不占优势,但是在缓存命中率、差异化缓存和用户获取内容所需的跳数等方面,PGBCS 具有明显优势。

6.3.4　PGBCS 分析与评价

1. 对比方案分析

为验证 PGBCS,使用 C++编写了离散事件驱动模拟程序,基于 ndnSIM 对 PGBCS 缓存机制进行性能测试。在实验中,先对 ICN 四种典型的缓存策略进行性能对比。

1) LCE 策略

LCE 策略[6],即处处缓存策略,是许多 ICN 的默认缓存策略,当数据包返回时,沿途的所有节点都进行缓存,其缓存决策过程如图 6-9 所示。该缓存方案会造成节点中存在大量的缓存冗余,即相同的内容在许多节点的缓存中都有副本,浪费了有限的缓存空间,减少了缓存多样性。

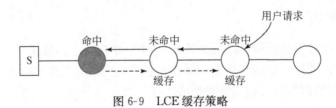

图 6-9　LCE 缓存策略

2) RCOne 策略[7]

RCOne 是一种随机缓存策略,在内容对象回传过程中,随机地选择一个节点缓存内容。在层次树状拓扑的网络中,若层次树为 l,则该方案与 $p=1/l$ 的 Prob 方案相似。RCOne 的优点在于方法简单、易于实现,但是没有考虑内容的流行度。该策略的决策过程如图 6-10 所示。

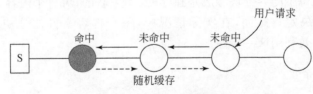

图 6-10　RCOne 缓存策略

3) BTW 策略

BTW 策略[8],即基于介数的选择性缓存策略,将网络抽象成一张图,由于每个节点连接的情况各不相同,因此内容缓存在不同的节点上能够发挥的效用不尽相同。介数较大的节点意味着被访问的概率更高,把更多的内容对象缓存在这些节点上能够实现更高的命中率,并减少替换次数。

假设从节点 i 到节点 j 共有 M 条回传路径，其中 m 条路径经过节点 v，则记 m/M 为节点 v 的重要度，即节点的介数。当有内容需要回传时，依据回传路径上节点的重要度选取几个节点存储内容的副本。如图 6-11 所示，v_3 是传输路径上介数最大的节点，当 v_3 存有内容副本时，User1～User3 可以以较少的跳数获得内容。此时 v_1、v_2 等节点就无须再存储该内容副本了，这些节点的存储空间可以用来缓存其他内容。

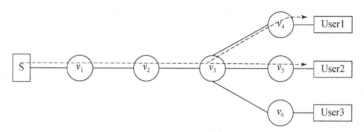

图 6-11　BTW 缓存策略

BTW 策略中节点介数的计算公式为

$$C_B(v) = \sum_{i \neq v \neq j \neq V} \frac{\sigma_{i,j}(v)}{\sigma_{i,j}} \tag{6-12}$$

其中，$\sigma_{i,j}$ 表示内容通过节点 i 到节点 j 的路径数目；$\sigma_{i,j}(v)$ 表示内容通过节点 i 到节点 v 再到节点 j 的路径数目。

4）ProbCache 缓存策略[9]

ProbCache 缓存策略是一种基于概率的缓存方式。在 ProbCache 缓存策略中，内容被缓存的概率与请求者到命中节点的距离相关，与请求距离成反比。也就是说，用户距离源节点越近，内容被存储的概率越低。同时空闲缓存空间比较多的节点，有比较高的优先权缓存内容对象。该方案的目的是让内容对象缓存在距离用户较近的节点上，并且使内容的替换率降到最小，如图 6-12 所示。

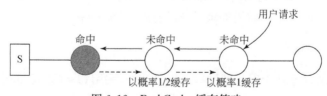

图 6-12　ProbCache 缓存策略

ProbCache 中缓存概率的计算方法如下：

$$\mathrm{ProbCache}(x) = \underbrace{\frac{\sum_{i=1}^{c-(x-1)} N_i}{T_{\mathrm{tw}} N_x}}_{\mathrm{TimesIn}} \times \underbrace{\frac{x}{c}}_{\mathrm{CacheWeight}} \tag{6-13}$$

其中，N_i 表示第 i 个路由器的缓存容量；T_{tw} 表示目标时间窗口；c 表示用户到内容源服务器的跳数；x 表示路由器到内容源服务器的跳数；TimesIn 表示当前路径可提供存储的时间；CacheWeight 表示当前节点与用户距离占内容源与用户距离的比例。

2. 评价指标

为量化 ICN 缓存的目的和要求，引入缓存命中率、用户获取内容跳数（hop count，HC）和内容差异率（content diversity ratio，CDR）三种评价指标。

1）缓存命中率

缓存命中率是指用户发出的请求数据包在路由器节点上获得所需内容，而不是从内容源服务器获得所需内容的概率。ICN 引入内置缓存的主要目的就是让用户从邻近的节点上获取所需内容，因为每一次缓存命中就意味着减少了一次对服务器的访问，从而减轻服务器负载，提高网络传输的效率。缓存命中后，请求内容将经过更少的跳数到达用户。

2）用户获取内容跳数

用户获取内容跳数是指用户从缓存节点或服务器获取内容的平均跳数。计算公式为

$$\mathrm{HC}(t) = \frac{\sum_{r=1}^{R} h_r(t)}{n} \tag{6-14}$$

其中，$h_r(t)$ 表示在 $[t-1, t]$ 时间段内，用户从服务器或缓存位置获取内容 f_r 所需要的跳数。n 表示在此时间段内用户请求的次数。

3）内容差异率

内容差异率是指节点缓存中所有内容的种类与内容源服务器中所有内容的种类的比值。内容差异率的值越大，说明相同缓存容量的条件下存储的内容种类越多，越能够满足 ICN 不同应用的请求，提高缓存的命中率。

3. ICN 缓存模型

由于 PGBCS 是基于网状图结构的网络拓扑，采用 $G=(V, E)$ 表示网络拓扑结构，其中，$V = \{v_1, v_2, \cdots, v_N\}$ 表示路由器节点的集合，$E = \{e_1, e_2, \cdots, e_M\}$ 表示链路的集合。$S = \{s_1, s_2, \cdots, s_p\}$ 表示内容源服务器的集合，并且，每个服务器都与一个路由器节点相连。$F = \{f_1, f_2, \cdots, f_R\}$ 表示内容集合，每个内容只存在于一个服务器上，并且是随机存储的。

假定用户对内容的请求服从 $\lambda = \sum_{r=1}^{R} \lambda_r$ 的泊松分布，其中 $r(1 < r < R)$，λ_r 是请

求内容 f_r 的概率,也就是网络中内容请求的间隔时间是指数分布。同时假设用户的访问模式符合 Zipf 分布,即内容被访问的频率与内容的排名成反比,排名越小的内容被访问的频率越高。使用 M 表示内容的类别,内容流行度的排名用 i 表示,其中($1 \leqslant i \leqslant M$),则排名为 i 的内容被访问的频率为 $P(X=i)=(i^{-\alpha})/C$,其中 $C = \sum\limits_{j=1}^{M} j^{-\alpha}$。当内容请求包在路由节点上获取到请求的内容时,说明缓存命中了;否则说明缓存未命中。在缓存未命中时,请求包最终被转发到内容源服务器,从服务器获取内容。我们假定每个路由器的缓存空间一样大,并且每个缓存单元的大小也是一样的。每个缓存单元只能存储一个内容块。

4. 实验环境

1)仿真工具

MATLAB 是美国 MathWorks 公司出品的仿真软件,广泛用于算法开发、数据分析、数学建模。MATLAB 具有强大的数值计算能力,并且能够连接其他编程语言的程序,能够很好地支持 C、FORTRAN、C++、JAVA。ndnSIM[5] 是基于 NS-3 的仿真工具。它保持了 CCNx 实现分组级别的互操作性,有效地促进网络层实验与路由、数据缓存、数据包转发和拥塞管理。ndnSIM 能运行在任意的链路层协议和传输层协议模型上,这样的灵活性能仿真多样化的部署场景。仿真硬件环境为 3.40GHz 的 Inter© Core™ i3-2130 处理器,4GB 内存,Windows7 操作系统。

2)仿真设置

拓扑搭建采用任意图结构,实验网络拓扑由 36 个节点组成。在实验过程中,内容数量由 2000 个逐步增加到 16000 个,且每个内容的大小相同都是 10MB,每个内容可以被分为 10 个大小相同的内容块;网络中每个路由器的缓存空间大小相同,由 50MB 逐步增加到 400MB,每个缓存单元大小为 1MB,可以缓存一个内容分块。此外,在实验过程中每个用户向连接的路由器发送 1000 个请求包,并且请求到达服从泊松分布,内容被请求的概率服从 Zipf 分布[2],其中 $0.5 \leqslant \alpha \leqslant 1$,默认情况下 $\alpha = 0.7$。表 6-2 列出了本书主要的实验参数以及默认值。

表 6-2　实验参数

参数	默认值	变动范围
节点数	36	
用户数量	1000	
内容数量	10000	2000~16000
内容大小/MB	平均为 10	
节点缓存大小/MB	100	50~400
访问模式	Zipf:$\alpha=0.7$	0.5~1

5. 实验结果

为了观察网络性能受某个参数的影响,一次只改变 1 个参数,其他参数保持不变,其取值如表 6-2 默认值所示。

1)缓存空间的影响

图 6-13 显示出系统性能随缓存空间变化的情况,其中,缓存空间从 50MB 一直增加到 400MB。从图 6-13(a)可以看出,用于比较的 5 种缓存方案的缓存命中率会随着节点缓存容量的增加而增大。由于节点缓存容量的增大,更多的内容被缓存到节点上,用户的请求在路由节点命中的概率也越大。但在这个过程中,PGBCS 的缓存命中率高于 LCE、RCOne、ProbCache 和 BTW。图 6-13(b)显示出,5 种策略获取内容跳数会随着缓存的增加而减小。由于节点缓存空间的增加,缓存命中率的提高,用户更多情况下能够从邻近节点上获取到所需要的内容,而不用每次都从内容源服务器获取,因此获取内容的跳数自然也就下降了,并且在这个过程中 PGBCS 获取内容的跳数自始至终都比 LCE、RCOne、ProbCache 和 BTW 要少。从图 6-13(c)可知,5 种策略的内容差异率会随着缓存空间的增大而增大,这

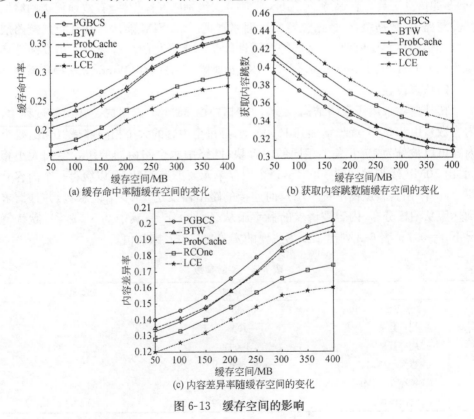

(a) 缓存命中率随缓存空间的变化　　　　(b) 获取内容跳数随缓存空间的变化

(c) 内容差异率随缓存空间的变化

图 6-13　缓存空间的影响

是因为缓存空间越大,缓存的内容种类就越多。该过程中 PGBCS 的内容差异率总是比 LCE、RCOne、ProbCache 和 BTW 大。

2)内容数量的影响

图 6-14 给出了系统性能随内容数量变化而变化的情况,内容数量从 2000 变化到 16000。由图 6-14(a)可知,5 种策略的缓存命中率随着内容数量的增加而显著减小。这主要是因为缓存空间没变而内容数量增加了,缓存就相对变得越发稀缺,兴趣包被缓存响应的概率自然也会降低。但无论如何,PGBCS 与 LCE、RCOne、ProbCache 和 BTW 相比始终显现出明显的优势。在图 6-14(b)中,可以看出 5 种策略获取内容跳数都会随着内容数量的增加而增加。由于内容数量的增多,缓存命中率下降,用户的请求在节点缓存命中越少,用户更多情况下要从服务器获取所需要的内容,因此获取内容的跳数自然也就增多了。但在该过程中 PGBCS 始终比 LCE、RCOne、ProbCache 和 BTW 表现得要好。图 6-14(c)显示

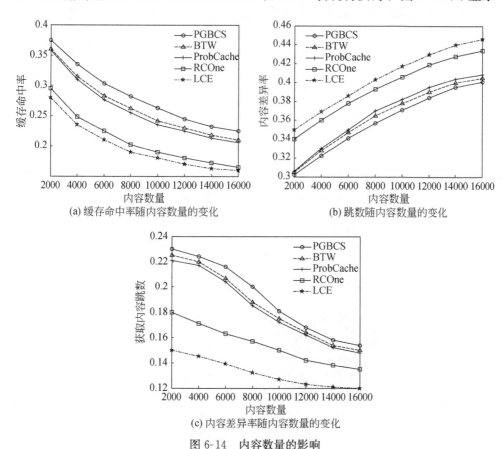

(a) 缓存命中率随内容数量的变化

(b) 跳数随内容数量的变化

(c) 内容差异率随内容数量的变化

图 6-14　内容数量的影响

出,5 种策略的内容差异率会随着内容数量的增加而减少,因为在缓存空间不变的条件下,内容数量越多,被缓存的内容就相对越少。在这个过程中,PGBCS 的内容差异率都始终高于 LCE、RCOne、ProbCache 和 BTW。不过,PGBCS 的相对优势随着内容数量的增加而逐步缩小。

3) Zipf 参数的影响

在目前的研究中,大家普遍认为用户对内容的访问模式符合 Zipf 分布,不同的应用对应不同的 Zipf 分布参数,一般情况下,参数 α 的值越大,意味着用户访问的内容越集中。通过调整 Zipf 的参数 α 的值,将 α 的值从 0.5 逐步增大到 1,观察不同的缓存策略在缓存命中率、获取内容跳数、内容差异率等结果如图 6-15 所示。

从图 6-15(a)可以看出,5 种策略的缓存命中率会随着 Zipf 参数的增加而增大。因为随着用户对内容的偏好越来越集中,节点中缓存下来的内容被再度访问的概率也越大。这也说明了策略性能会随着内容的时间局域性的加强而改善。这也是进一步证明了利用内容的时间局域性在缓存机制设计中的重要性。从图 6-15(b)

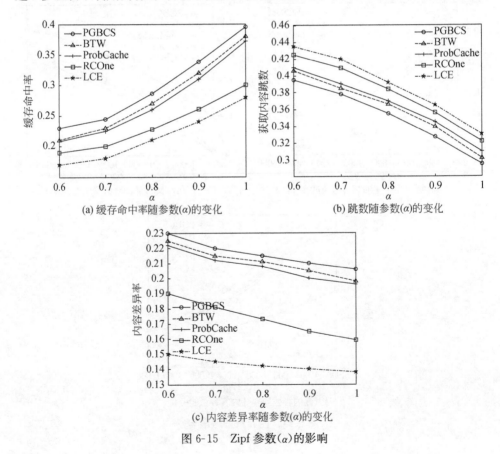

图 6-15　Zipf 参数(α)的影响

可以看出，5 种策略获取内容的跳数会随着 α 的增加而减小，这是由于随着缓存命中率的增大，用户的请求在节点得到响应的次数越多，从而减少了用户获取内容跳数。在该过程中，PGBCS 获取内容跳数始终比 LCE、RCOne、ProbCache 和 BTW 要少。从图 6- 15（c）可以看出，随着 Zipf 参数的增加，PGBCS 和 RCOne、ProbCache 和 BTW 的内容差异率会缓慢地减少，而 LCE 的内容差异率几乎保持不变，但 PGBCS 一直高于 LCE、RCOne、ProbCache 和 BTW。

上述实验结果表明，在各种实验条件下，PGBCS 的性能都要好于 LCE、RCOne、ProbCache 和 BTW。

6.4 小　　结

本章提出了两种 ICN 缓存替换策略：一是基于节点利用比的缓存策略，结合节点的重要程度和内容的流行度，对缓存内容进行排序，提高内容请求缓存的命中率；二是基于分块流行度和收益的缓存策略，先将内容的流行度细化至 chunk 级别，再基于节点缓存的综合收益寻找最佳放置节点，最后基于内容分块价值比较的方法进行缓存替换，可通过较小的额外负载换取缓存性能的大幅提升。两种方法各有特点，适用于不同的应用场景。

参 考 文 献

[1] Ahlgren B，Dannewitz C，Imbrenda C，et al. A survey of information-centric networking [J]. IEEE Communications Magazine，2012，50(7)：26-36.

[2] Jacobson V，Smetters D，Thornton J，et al. Networking named content [J]. Communications of the ACM，2012，55(1)：117-124.

[3] 吴超，张尧学，周悦芝，等. 信息中心网络发展研究综述 [J]. 计算机学报，2015，38(3)：455-471.

[4] 孙彦斌，张宇，张宏莉. 信息中心网络体系结构研究综述 [J]. 电子学报，2016，44(8)：2009-2017.

[5] Mastorakis S，Afanasyev A，Moiseenko I，et al. ndnSIM 2.0：A new version of the NDN simulator for NS-3 [R]. Los Angeles：University of California，Los Angeles，2015.

[6] Laoutaris N，Syntila S，Stavrakakis I. Meta algorithms for hierarchical web caches[C]// IEEE International Conference on Performance，Computing，and Communications，Phoenix，2004.

[7] Eum S，Nakauchi K，Murata M，et al. CATT：Potential based routing with content caching for ICN[C]// The Second Edition of the ICN Workshop on Information-Centric Networking，Helsinki，2012.

［8］ Chai W K，He D L，Psaras I，et al. Cache "less for more" in information-centric networks (extended version)［J］. Computer Communications，2013，36(7)：758-770.

［9］ Psaras I，Chai W K，Pavlou G. Probabilistic in-network caching for information-centric networks ［C］// ACM SIGCOMM Workshop on Information-Centric Networking，Helsinki，2012.

第7章 ICN 自适应路由转发策略

7.1 引　　言

随着海量流媒体的快速发展，当前 TCP/IP 网络在数据的移动性、安全性等方面逐渐趋于极限。TCP/IP 网络采用以"推"为主的通信方式获取内容，这种方式导致内容提供端成为访问瓶颈，容易出现冗余现象，引起网络拥塞。为了解决这类问题，ICN 应运而生[1]。ICN 是新型的网络架构，采用面向信息的通信模型取代传统面向主机的通信模型。虽然 ICN 为用户获取海量、异质信息带来了希望，但是网络拥塞仍是亟待解决的一大难题[2]。由于 ICN 独有的特性，TCP/IP 网络的拥塞控制策略并不能直接地应用于 ICN 中。因此，如何设计出适用于 ICN 的拥塞控制策略是目前的研究热点。

ICN 采用信息缓存机制，有效缓解了业务量激增出现的拥塞问题，但是拥塞依然是不可避免。当 ICN 发生拥塞时，到达的数据包数量高于容量，导致路由器的缓冲区溢出[3]。如果数据在通信过程中能主动地避开拥塞的链路，那么网络拥塞问题在一定程度上就可以得到缓解，甚至可以避免。TCP/IP 网络中路由节点按照事先建立好的路由表转发数据；而在 ICN 中，对数据转发不仅会参考一个类似 TCP/IP 网络路由表的转发信息表，同时会考虑当前的网络环境以及节点的可用通信接口等因素。这种转发机制使网络在进行通信时，路由节点能够实时、动态地做出转发决策。

ICN 采用一个兴趣包对应一个数据包的传输模式，节点在转发兴趣包时，如果能够选择时延最小的路径，减少网络的平均时延，那么网络的拥塞在一定程度上就能够缓解，甚至可以避免。依据 ICN 的转发特点，采用增强学习算法，设计基于 *Q*-学习（*Q*-learning）的自适应转发策略命名数据网络（adaptive forwarding strategy in named data networking，AFSndn），主动规避网络拥塞问题。

7.2 增强学习

Q-学习算法是由 Watkins[4] 在 1989 年提出一种非监督的学习方法，通过与环境交互，学习最优行动策略。它主要解决在一个感知环境中，通过怎样的学习使其目标达到最优的问题。增强学习模型图如图 7-1 所示。对于这种控制决策问题，

设计一个回报函数,如果 agent 在决定一步后,获得较好的结果,那么给 agent 一些回报(如回报函数结果为正)。Q-学习的过程采用马尔可夫决策过程作为数学模型。

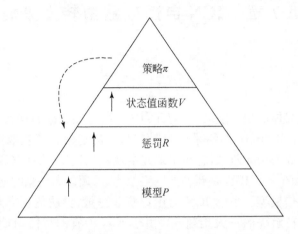

图 7-1　增强学习模型图

马尔可夫决策过程模型由一个四元组来描述:$\langle S,A,T,R \rangle$。其中,S 是一个有限的环境状态集合;A 是 agent 的一个有限动作集合;T 是环境的状态转移函数 T:$S \times A \rightarrow \Pr(s)$;$R$ 是环境的回报函数 R:$S \times A \rightarrow R$。在马尔可夫决策过程中,智能代理具有状态集 s 和动作集 a。本书引入评价函数 Q 函数,当函数 A 被选择为第一个动作时,评价函数的 Q 值是最大转换累计收益,Q 值是 $Q(s,a)$,其中,$s \in S,a \in A,s$ 和 a 是有限集。Q 函数值的学习是通过 Q 值迭代完成的,每次迭代更新一个 Q,为了能够更新所有的 Q 值,智能体需要不断地与环境交互。当 Q 值函数迭代时,所有的值变化不大;当 Q 值函数被认为是收敛时,Q-学习算法结束。Q-学习与环境之间的相互过程如图 7-2 所示。

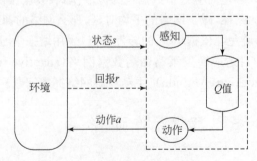

图 7-2　Q-学习与环境交互过程模型

由于 Q-学习算法的学习速度较慢,为了加快智能体在复杂环境中的学习速度,在标准的 Q-学习算法中添加了具有启发知识的函数 $H:S \times A \to R$ 来影响学习过程中智能体动作选择。具有启发知识的函数 $H(s,a)$ 积累了环境模型的信息,并利用环境模型提高了 Q-学习算法的学习速度。其中,$H(s,a)$ 表示动作 a 在 s 状态下的 H 值。同时,agent 及时对动作做出奖励,调整 Q 值,并加快了 agent 的学习速度。Q 函数由查找表(查找表为笛卡儿元素 $S \times A$)存储,并由该表表示 Q 函数。启发式函数的动作选择规则如下所示:

$$\pi(s_t) = \underset{a_t}{\mathrm{argmax}} \left[Q(s_t, a_t) + \delta H_t(s_t, a_t) \right] \tag{7-1}$$

在执行选择动作的同时观察下一个状态并接收强化信息 $r(s,a)$,Q 值的更新公式如下所示:

$$Q_{t+1}(s,a) \leftarrow (1-a_n)Q_t(s,a) + a_n \left[r_t + \gamma \max_{a'} Q_t(s',a') - Q_t(s,a) \right] \tag{7-2}$$

其中,γ 为常量且 $0 \leqslant \gamma < 1$;s 和 a 为第 n 次循环中更新的状态和动作。

$$a_n = \frac{1}{1 + k_n(s,a)} \tag{7-3}$$

其中,$k_n(s,a)$ 是状态 s 和动作 a 在这 n 次循环内被访问的总次数。

$$H(s',a) = \sum H(s,a) \tag{7-4}$$

7.3　多阶段决策过程

多阶段决策过程(multistep decision process,MDP)是指这样一类的活动过程,该过程按照时间顺序划分为多个相互联系的阶段,然后对每个阶段做出相应的决策,最后使得整个过程达到最优。解决多阶段决策过程的一个常用方法是动态规划(dynamic programming,DP),动态规划是由美国数学家 Howard 等[5]在 20 世纪研究多阶段决策过程的优化问题时提出的最优化原理。它不仅是一种考察问题的途径,也是求解决策过程最优化的数学方法。本章将动态规划方法分为离散确定性、离散随机性、连续确定性和连续随机性等 4 种类型,具体过程如下。

1. 阶段

DP 问题具有一定的次序性,主要体现在空间和时间上。因此,在解决这类问题时要依据次序去求解,把问题分成若干个相互联系的阶段。如图 7-3 所示,可以将其划分为四个阶段:A-B-C-D-E。

2. 状态

在 MDP 中,每个阶段需要依据系统所处的情况做出相应决策。如图 7-3 所示,每个阶段出发点的位置作为当前的状态。一般情况下,通过一个变量表示系统所需

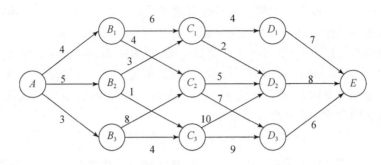

图 7-3　最短路线问题

要的状态信息,该变量称为状态变量,记第 k 阶段的状态变量为 $X_k(k=1,2,\cdots,n)$。

3. 决策

通过每个阶段的状态表示 MDP,决策者从当前阶段状态依据系统所处的情况到达下一阶段所做出决策称为阶段决策。这里,将描述决策的变量记作决策变量。在确定第 k 个阶段状态时,可能会影响下一阶段所做出的决策。一般情况下,决策变量的取值会被限定在某个范围内,该范围记作允许决策变量的集合 $D_k(U_k)$。

4. 状态转移方程

在 MDP 中,假设第 k 个阶段的状态变量 X_k 和决策变量 U_k 已经确定,那么第 $k+1$ 个阶段的状态变量 X_{k+1} 也可以确定,将这种关系记作状态转移方程 $X_{k+1}=T(X_k,U_k)$。

5. 策略

在 MDP 中,如果决策变量 $U_k(X_k)(k=1,2,\cdots,n)$ 在每个阶段已经确定,那么整个过程也就确定了。这个过程的决策序列称为策略,记作:$\{u_1(x_1),u_2(x_2),\cdots,u_n(x_n)\}$。子策略是第 k 个阶段到第 n 个阶段的决策序列,记作 $\{u_k(x_k),u_{k+1}(x_{k+1}),\cdots,u_n(x_n)\}$。如图 7-3 中,$A$-$B_1$-$C_2$-$D_2$-$E$ 就是一个策略:$\{u_1(A)=B_1,u_2(B_1)=C_2,u_3(C_2)=D_2,u_4(D_2)=E\}$。由于每个阶段都有多种决策,这里将能够达到最优的策略称为最优策略。

6. 指标函数

指标函数通过数量指标衡量过程的优劣,例如,在第 k 个阶段的 X_k 状态下执行决策 U_k,这一过程不仅使系统状态出现转移,同时对目标函数带来了一些影响。

　　多阶段决策问题是一种动态决策问题,每个阶段需要做出一个恰当的决策,这样才能使整个过程达到一个最理想的效果。为了达到这种效果,每个阶段在进行决策时都需要考虑当前的状态以及对后续阶段的影响。每个阶段在做出决策之后就会形成一个完整的决策序列,也就是活动路线。多阶段决策过程具有如下特点:

　　(1)决策者需要做出时间上有先后之别的多次决策。

　　(2)前一段决策的选择将直接影响后一次决策,后一次决策的状态取决于前一次决策的结果。

　　(3)决策者关心的是多次决策的总结果,而不是单次决策的即时结果。

　　在决策的过程中,系统的动态过程被按照时间分为不同的阶段,每个阶段既相互独立又相互联系,同时还要做出决策。每个阶段系统都有很多状态,在某个时间点的状态会受到系统过去决策的影响,而系统当前的决策和状态同样又会影响后续的发展。决策者不仅要考虑当前的利益最大化,还要考虑系统整个期间的效益最大化,有预见性地做好每一阶段的决策,得到每一阶段的最优解和整个过程的最优决策。例如,如图 7-3 所示,查找 A 与 E 之间的最短路径,可以把问题分成 4 个阶段:$A\text{-}B$、$B\text{-}C$、$C\text{-}D$、$D\text{-}E$,每个阶段都要有决策。在 $A\text{-}B$ 阶段,决策到 B_1、B_2 还是 B_3,在 $B\text{-}C$ 阶段,要决策到 C_1 还是 C_2,以此类推,决策完余下两个阶段。每个阶段的决策不同就会造成 $A\text{-}E$ 的路径不同,同时会影响下一步的路径选择和到下一阶段的距离,从而出现不同的路线。因此,要保证在每个阶段要决策出一个最优的路线,使得整体的路线最短。

7.4　基于增强学习的自适应路由转发策略

　　将 ICN 的节点都视为一个智能代理,每个代理节点不仅具有独立处理信息的能力,而且能够感知周围环境本身。随着时间的推移,agent 不断地感知周围的环境,学习能力也随之增强。本章将路由的转发过程转换为一个优化问题,也就是如何合理地选择下一跳节点,使数据包能够以最小的延迟返给请求者,如下是对节点 i 的转发:

$$\text{minimize } D_i(a_i)=D_i^v(a_i)+Z_v^d \tag{7-5}$$

其中,$D_i(a_i)$ 为兴趣包从节点 i 到目的地所需的时间,a_i 是节点 i 所采用的转发策略;$D_i^v(a_i)$ 是从节点 i 到节点 v 的时间,节点 v 是 i 节点的邻居节点;Z_v^d 表示从节点 v 到 d 端的最短时间。

　　假设兴趣包被转发给提供者 d,该提供者 d 通过中间节点 i,并且节点 i 又选择了节点 v 作为下一跳节点。根据式(7-2),可以得到 Q 值的更新公式如下:

$$Q_i^{t+1}\leftarrow(1-\omega(t))Q_i^t+\omega(t)(D_i^v+\min D_v^d) \tag{7-6}$$

其中,$\omega(t)$ 是学习率;D_i^v 是节点 v 到节点 i 的数据包时间;$\min D_v^d$ 是从节点 v 到 d

端的最短时间。

在 Q 值更新式(7-6)中,节点 i 的 Q 值需要从周围环境中获得相应的信息。这里将转发兴趣包的过程看成是一个多阶段决策的过程。网络中的每个路由节点都需要做出合理的转发决策,使网络的整个转发过程达到最佳。将兴趣包的转发过程分为两个阶段:Exploration 阶段和 Exploitation 阶段。

7.4.1　Exploration 阶段

Exploration 阶段就是尝试之前没有执行过的动作以期望获得超乎当前最有行为的收益,定义为信息收集阶段。依据数据包携带的信息,计算<前缀-接口>的 Q 值,如算法 7-1 所示。

算法 7-1　Exploration 阶段

输入:FIB 的条目数 n,初始化兴趣包的数量 count$=0$,N_1,N_2,θ

输出:转发阶段

1	while 接收到兴趣包时;
2	if phase$==$Exploration 阶段 then;
3	for$i=1$;$i<n$ do;
4	向所有候选端口转发兴趣包;
5	count$++$;
6	if count$>=N_1$ then;
7	phase$=$Exploitation 阶段;
8	count$=0$;
9	end;
10	end;
11	end;

当路由节点转发兴趣包时,该节点首先查询 FIB 依据最长前缀匹配来获取候选端口列表,再通过所有候选端口转发兴趣包。为了达到这个目的,需要修改 FIB,在表中添加一个 Q 值,如图 7-4 所示。同时也修改了数据包的结构,如图 7-5 所示。添加了两个字符,分别是"最小 Q 值""离开时间"。"最小 Q 值"记录的是与前缀对应的最小 Q 值,该值通过上游节点进行计算。"离开时间"记录的是上游节点数据包离开的时间,计算公式如下:

$$T=T_{\text{arrive}}-T_{\text{leave}} \tag{7-7}$$

其中,T_{arrive} 为下游节点的到达时间;T_{leave} 为数据包的离开时间。

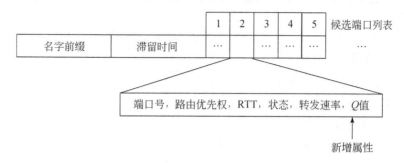

图 7-4　修改后的 FIB 表

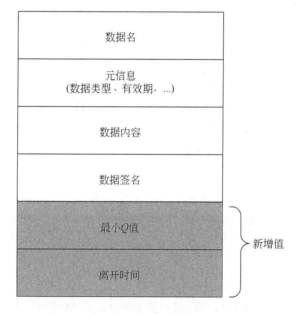

图 7-5　修改后的 data 表

当路由节点在端口接收数据包时,通过包中所携带的相关信息计算该端口相应数据流的 Q 值,并将该值记录到 FIB 中。当发送完 N_1 个兴趣包时,结束 Exploration 未训练阶段,开始进入 Exploitation 已训练阶段。

7.4.2　Exploitation 阶段

Exploitation 阶段就是执行根据历史经验学习到的获得最大收益的动作,定义为兴趣包的转发阶段,如算法 7-2 所示。

算法 7-2　Exploitation 阶段

输入:FIB,count=0,Q_{min}=0,Q_{now}=0,数据包,N_1,N_2,θ

输出:转发阶段

1	if Exploitation 阶段 then;
2	根据式(7-8)选择端口;
3	发送兴趣包;
4	count++;
5	if count>=N_2 or $|Q_{min}-Q_{now}|/Q_{min}>\theta$ then;
6	开始 Exploration 阶段;
7	count=0;
8	end;
9	end;
10	while 接收到数据包时;
11	Q_{min}=获取数据包中的最小 Q 值;
12	通过式(7-7)计算数据包的传输时间;
13	Q_{now}=利用式(7-6)更新 Q 值;
14	更新相应 FIB 项的 Q 值;
15	更新数据包的 Q 值并发送;
16	end;

当路由节点转发兴趣包时,只选择转发最佳端口,转发概率的计算公式如下:

$$P_j^f = \frac{k^{Q_j^f}}{\sum\limits_v k^{Q_v^f}} \tag{7-8}$$

其中,P_j^f 在端口 j 上前缀 f 的兴趣包的转发概率;Q_j^f 是在端口 j 上前缀 f 的数据流的 Q 值。k 为常量,$k>0$。

当节点接收到数据包时,根据包所携带的信息计算 Q 值。当满足公式(7-9)的条件或是发送了 N_2 个兴趣包时,结束 Exploitation 阶段,重新开始进入 Exploration 阶段。

$$\frac{|Q_j^f - Q_j^{f'}|}{Q_j^f} > \theta \tag{7-9}$$

其中,Q_j^f 是端口 j 上前缀 f 的数据流 Q 值最小 Q 值;$Q_j^{f'}$ 是在 Exploitation 阶段通过不断计算更新获得的。

7.5　仿真实验及分析

利用基于 NS3[6] 的 ndnSIM[6] 进行仿真实验，评估 AFSndn 的性能。假设在网络中有 N 个智能体，当所有的智能体完成了一个周期学习之后，对它们的 lookup 表采用基于启发知识的增强学习方案。如图 7-6 所示，对比标准 Q-学习算法与具有启发知识的 Q-学习算法[4]，其中，Q-学习中的幕（episode）是指智能体从初始位置移动到目标位置这一过程所需要的学习周期。步数（step）是指智能体在每个学习周期中从初始位置移动到目标位置所消耗的步数总和。

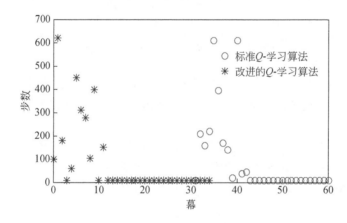

图 7-6　标准 Q-学习算法与具有启发知识的 Q-学习算法的对比

从图 7-6 中可以看出，具有启发知识的 Q-学习算法能快速地收敛于最优状态，缩短了智能体的学习时间。标准 Q-学习算法在第 43 个周期时收敛，而具有启发知识的 Q-学习算法在第 13 个周期时就已经收敛了。由此可以看出，具有启发知识的 Q-学习算法比标准的 Q-学习算法在收敛速度上更快一些。

增强学习的目标是对 Exploration 和 Exploitation 之间的权衡。智能体从初始状态到目标状态这一过程中，如果智能体达到目标状态，就将奖励值设为 +100；如果在 Exploitation 阶段遇到拥塞的链路，就将奖励值设为 -10。将一段时间内所获得的奖励值之和作为智能体的评价标准，并将奖励值之和的平均值作为多个智能体评测性能的一个指标。这里，将智能体分别在 $N=1$、$N=2$、$N=6$ 情况下从初始状态到目标状态这一过程进行测试，仿真情况如图 7-7 所示。

从图 7-7 可以看出，在相同的时间段内智能体的数目对算法的收敛速度有一定影响。当测试对象智能体的数目为 1 时，算法收敛于第 12 个学习周期；当数目为 2 时，算法收敛于第 9 个学习周期；当数目为 6 时，算法收敛于第 5 个学习周期。

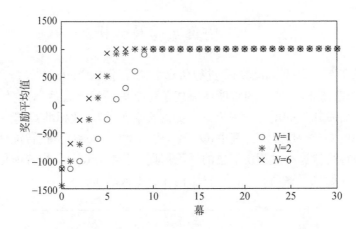

图 7-7　具有启发知识的 Q-学习算法

主要是因为具有启发知识的 Q-学习算法使智能体拥有较高的学习能力,随着智能体数目的增加,智能体之间获得的共享知识也就越多,从而使得智能体能更快地达到目标状态。

实验评估侧重于 AFSndn 稳定网络状况和适应 ICN 多路径的能力。通过具有代表性的网络拓扑进行详细的实验,拓扑结构如图 7-8 所示。将所提出的方法 AFSndn 与 MFC[7]、RFA[8] 进行对比分析,性能评价指标为:平均时延,丢包总数。

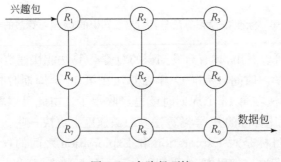

图 7-8　多路径环境

1.平均时延

在请求率为 700 包/s 情况下,AFSndn 算法、MFC 算法和 RFA 算法在不同链路拥塞率下测试网络的平均时延如图 7-9 所示。可以看出,MFC 算法、RFA 算法及 AFSndn 算法随着链路拥塞情况的加剧,网络的平均时延也在增加。其中,MFC 算法在多条链路出现拥塞的情况下都不会影响兴趣包的转发,主要是因为 MFC 算法将兴趣包都转发在所有的候选下一跳节点上,但是数据包在网络中传输的平均时延与相比的两个算法较长一些。而 RFA 算法和 AFSndn 算法在链路发生拥塞的情况下,会主动规避拥塞的网络,主要是因为这两个算法采用的动态转发的策略,能重新选择有效的链路,从而实现网络的拥塞控制。

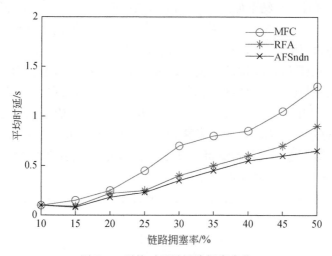

图 7-9　平均时延随链路拥塞变化

　　图 7-10 是不断增加用户发送兴趣包的请求率,对网络中数据包传输的平均时延进行测试。这里,网络中的整体拥塞率设置为 35%。从图 7-10 可以看出,MFC 算法的平均时延最大,而 RFA 算法和 AFSndn 算法时延相对较小一些。当随着网络中用户对资源请求过多时,网络出现供不应求的情况,加重了网络的负载,进一步加剧了网络的拥塞程度。

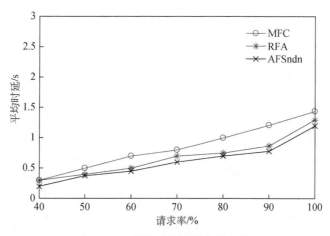

图 7-10　平均时延随请求率变化

2. 丢包总数

在不同的请求率以及不同链路拥塞率下对比 AFSndn 算法、MFC 算法和 RFA 算法的丢包情况,结果如图 7-11 和图 7-12 所示。从图 7-11 和图 7-12 中可以看出,MFC 算法、RFA 算法以及 AFSndn 算法的网络丢包总数都会随着链路拥塞程度以及用户对网络请求量的增加而增加。其中,MFC 算法的丢包总数最多,而 RFA 算法与 AFSndn 算法的丢包总数相对较少。主要是因为 MFC 算法会随着用户发出的兴趣包的增加,使网络的负载逐步增加,从而加重了网络的拥塞程度。RFA 算法会先选出一条最佳的链路,当网络出现拥塞时,依旧将兴趣包转发到这条链路上,数据包沿着兴趣包的转发路径返回,如果这条最佳的链路出现了拥塞,就丢弃返回的数据包。而 AFSndn 算法会根据自身所收集的环境信息,动态地选择最佳路径,主动规避有拥塞的链路。

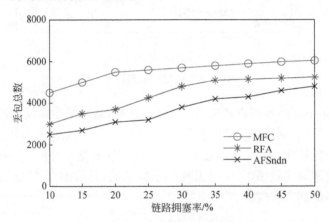

图 7-11　丢包总数随链路拥塞变化

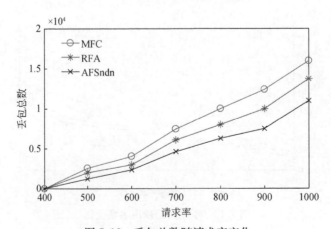

图 7-12　丢包总数随请求率变化

7.6 小 结

本章根据信息中心网络中的转发特性,提出了一种基于增强学习的自适应路由转发策略。该策略将每个路由节点看成一个 agent,主动规避拥塞链路,并将转发兴趣包的过程看成一个多阶段决策过程,使网络中的路由节点在进行转发时都需要做出最优的决策,从而使整个过程达到最好的效果。基于 ndnSIM 仿真实验结果表明 AFSndn 具有较高的传输效率和更好的稳定性。

参 考 文 献

[1] Fang C, Yao H P, Wang Z W, et al. A survey of green information-centric networking: Research issues and challenges [J]. IEEE Communications Surveys & Tutorials, 2015, 17 (3):1455-1472.

[2] Carofiglio G, Gallo M, Muscariello L. Joint hop-by-hop and receiver-driven interest control protocol for content-centric networks [J]. ACM SIGCOMM Computer Communication Review, 2012, 42(4):491-496.

[3] Xu Q, Sun J S. A simple active queue management based on the prediction of the packet arrival rate[J]. Journal of Network and Computer Applications, 2014, 42:12-20.

[4] Watkins C. Learning from delayed rewards [J]. Robotics & Autonomous Systems, 1989, 15 (4):233-235.

[5] Howard R. Dynamic programming [J]. Management Science, 1966, 12(5):317-348.

[6] Afanasyev A, Moiseenko I, Zhang L X. ndnSIM: NDN simulator for NS-3 [R]. Los Angeles: University of California, Los Angeles, 2012.

[7] Li C C, Huang T, Xie R C, et al. A novel multi-path traffic control mechanism in named data networking[C]//International Conference on Telecommunications, London, 2015.

[8] Carofiglio G, Gallo M, Muscariello L, et al. Optimal multipath congestion control and request forwarding in information-centric networks[C]//IEEE International Conference on Network Protocols, Gottingen, 2014.

第 8 章　资源自适配路由算法

8.1　引　　言

经过几十年的发展,Internet 已经从最初的科研网络演变成一个广阔的商业平台,成为人民生活、工作、经济运作和社会发展不可或缺的一部分。时至今日,Internet 面临的各种挑战层出不穷,这些挑战严重制约了互联网的进一步应用和发展。例如,在资源利用率方面,美国普林斯顿大学研究人员在 2010 年 ACM SIGCOMM 国际会议上指出,现有网络的骨干网链路利用率仅在 30%~40%[1];西班牙电信公司的研究人员在 2011 年 ACM SIGCOMM 国际会议上指出,现有网络的接入网链路利用率不到 10%[2]。

导致这些弊端的根源在于现有互联网的原始设计思想存在不足。具体来说,现有互联网具有"三重绑定"的特征,即服务的"资源和位置绑定"、网络的"控制和数据绑定"及"身份与位置绑定"。这种静态、僵化的原始设计思想无法从根本上满足信息网络高速、高效、灵活、多变的通信需求,难以实现网络资源的自主适配。

进入 21 世纪以来,未来互联网体系与结构的研究受到学术界的广泛关注。由于美国在 Internet 上获益巨大,各国政府相继投入巨资开展未来互联网相关的项目研究,以期能够在未来信息技术竞争中抢占先机。2000 年,美国国防部高级计划研究局(Defense Advanced Research Projects Agency, DARPA)资助了 NewArch 研究计划[3],认为网络技术的进步得益于对现有互联网所做的不断修补和改进。2005 年,美国国家科学基金会(National Science Foundation, NSF)启动了 GENI 研究项目[4],拟从根本上重新设计互联网,打造一个更适合未来计算机环境的下一代网络。2006 年,美国 NSF 推出了一个长期研究规划 FIND[5],旨在推动新型网络基础设施与体系的研究。2010 年,美国 NSF 又启动了 FIA 计划[6],从不同的方面研究未来互联网,并组建了 NDN、NEBULA、MobilityFirst 和 XIA 四个研究组,以整合在该领域的研究成果。2012 年,美国总统奥巴马签署行政命令并启动 US IGNITE 计划[7],进一步加强美国在未来互联网体系与应用方面的基础研究。2007 年,欧盟 FP-7 发起了未来互联网研究计划 FIRE[8],致力于通过大规模试验环境来研究新兴的网络技术。随后,又资助了 PURSUIT[9]、NetInf[10] 等项目。2006 年,日本启动了 AKARI 计划[11],对未来互联网体系结构进行研究。2008 年,亚太地区启动了 AsiaFI 计划[12],旨在推动亚洲各国与其他洲各国在未来互联网研究和发展方面的合作。此外,加州大学伯克利分校网络计算机科学研究院提出了一种面向数据的网络体系结构 DONA[13];施乐帕克研究中心(Xerox Palo Alto Research Center,Xero PARC)提出了以内容为中心的网络[14]。

我国也非常重视对未来网络的研究。国家 973 计划先后启动了"一体化可信网络与普适服务体系基础研究"[15]"新一代互联网体系结构和协议基础研究""面向服务的未来互联网体系结构与机制研究"和"可重构信息通信基础网络体系研究"等项目。国家 863 计划先后启动了"身份与位置分离的新型路由关键技术与实验系统""三网融合演进技术与系统研究"等项目。国家自然科学基金委先后启动了"未来互联网体系理论及关键技术研究""后 IP 网络体系结构及其机理探索""未来网络体系结构与关键技术"等重点项目研究。可以看出,针对未来互联网体系与结构研究的发展经历了从"修补完善"到"重新设计",从"以主机为中心"到"以信息为中心"的过程,并逐渐向 ICN 研究范畴靠拢。

973 计划首席科学家张宏科教授提出了 SINET[16-20]。从广义上说,SINET 也属于一种 ICN。但是,SINET 的机制机理比 ICN 更广泛。本章在 SINET 环境下,提出一种支持资源适配可重构路由协议。

8.2 智慧标识网络

SINET 提出了"三层""两域"的体系结构模型及其工作原理[18-20],如图 8-1 所示。

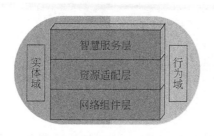

图 8-1 SINET 络的"三层""两域"体系结构模型

"三层"是指智慧服务层、资源适配层和网络组件层。智慧服务层主要负责服务的标识与描述、服务的智慧查找与动态匹配;资源适配层通过感知服务需求与网络状态,动态地适配网络资源并构建网络族群,以充分满足服务需求;网络组件层主要负责数据的存储与传输、网络组件的行为感知与聚类等。

"两域"是指实体域和行为域。实体域使用服务标识(service id,SID)来标记一次服务,实现服务的资源和位置分离;使用族群标识(family id,FID)来标记一个族群功能模块,使用组件标识(node id,NID)来标记一个网络组件设备,实现网络的控制和数据分离及身份与位置分离。行为域使用服务行为描述（service behavior description，SBD）、族群行为描述（family behavior description，FBD）和组件行为描述（node behavior description，NBD）分别描述实体域中服务标识、族群标识和组件标识的行为特征。

在 SINET 中，智慧服务层和资源适配层之间使用行为匹配机制：在行为域中根据 SBD 和 FBD 形成一次映射，为服务寻求最佳的族群功能模块搭配组合；然后根据实体域的族群间协作机制，控制指定的族群功能模块进行协同工作，从而实现 SID 到 FID 的映射过程。资源适配层和网络组件层之间使用行为聚类机制：在行为域中根据 FBD 和 NBD 形成另一次映射，为族群功能模块判定最合理的网络组件构成；然后根据实体域的族群内联动机制，在族群功能模块内的网络组件之间建立相互联动关系，完成族群功能模块的整体功能，实现由 FID 到 NID 的映射过程。SINET 的工作原理如图 8-2 所示。

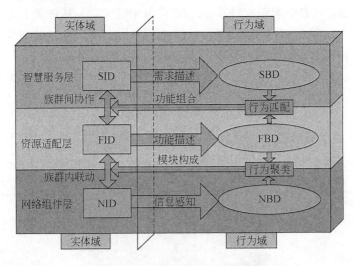

图 8-2　SINET 的基本工作原理

SINET 的工作流程介绍如下。首先，服务提供者注册所提供服务的 SID 和 SBD；服务获取者提交所需服务的描述信息，进行服务查询，得到具体服务的 SID 和 SBD。然后，将该 SBD 与 FBD 进行匹配，实现 SID 到 FID 的映射，得到被选网络族群的 FID 和 FBD。接着，网络组件按照 NBD 聚类到不同的网络族群中；将服务获取者所需服务的 SBD 与被选定网络族群中组件的 NBD 进行匹配决策，选出最终提供本次服务的网络组件。最后，服务获取者通过被选取的网络组件完成服务。

8.3 资源自适配路由架构

8.3.1 PPFO 模型

近年来,一些研究者受绒胞黏菌(Physarum)觅食过程的启发,建立了 Physarum 启发的路径发现及优化(Physarum path-finding and optimization, PPFO)模型。研究人员发现,Physarum 很容易在各种环境下找到多个食物源之间的最短路径。Nakagaki 等[21]建造了一个小型的迷宫,将 Physarum 形体覆盖在迷宫上;然后,在迷宫的两个入口分别放了一块燕麦片。几个小时后,Physarum 的身体形成一条连接迷宫两个入口的线形。Tero 等[22]用食物模拟了日本东京铁路系统的站点的分布,并用光照等模拟山脉、海洋等环境,然后利用 Physarum 形成一个连接各个食物源的网络。该网络与东京经过几十年建造的铁路系统在效率、容错和代价方面几乎相同。Tero 等[23]还给出了 PPFO 的一个数学描述模型。

做出以下假设:①一个 Physarum 的初始形状表示为一个图;②图中的边表示 Physarum 的管状形体,顶点表示管状形体的末端;③顶点 i、j 处的压力分别为 P_i、P_j,边 ij 的长度为 L_{ij},半径为 r_{ij};④在管中流动的液体遵循 Hagen-Poiseuille 方程。Physarum 觅食过程的数学模型如下:

$$Q_{ij} = \frac{\pi r_{ij}^4 (P_i - P_j)}{8\eta L_{ij}} = \frac{D_{ij}(P_i - P_j)}{L_{ij}} = \frac{D_{ij}\Delta P_{ij}}{L_{ij}} \tag{8-1}$$

其中,$\Delta P_{ij} = P_i - P_j$ 是顶点 i 和顶点 j 的压力差;η 是流体黏度;$D_{ij} = \pi r_{ij}^4/(8\eta)$ 是边 ij 的传导性。由于长度 L_{ij} 是一个常量,Physarum 的形体改变行为可以用边的传导性 D_{ij} 来描述。

Physarum 通过调节自身形体的变换寻找分散的食物。下面结合图 8-3(a)解释 Physarum 的自调节行为。图 8-3(a)表示 Physarum 两个不同长度的管状形体连接相同的两个食物源 i 和 j。由于 $\Delta P_{ij}^1 = \Delta P_{ij}^2$ 和 $L_{ij}^1 > L_{ij}^2$,则根据式(8-1)可知通过管状形体 L_{ij}^2 的流体总量比通过管状形体 L_{ij}^1 的流体总量大。注意到与 D_{ij} 相比,在调节过程中 L_{ij}^1 和 L_{ij}^2 相对保持不变。因此,Physarum 的自调节行为通过 D_{ij} 随时间的进化描述为

$$\frac{\mathrm{d}}{\mathrm{d}t} D_{ij} = \varphi(|Q_{ij}|) - \delta D_{ij} \tag{8-2}$$

其中,δ 是管状形体的衰减率。式(8-2)表明如果没有液体流过管状形体,则管状形体的传导性会降低;相反,如果流过管状形体的通量增大,则管状形体的传导性会升高。根据这个特性,可以假设函数 $\varphi(\cdot)$ 是一个单调递增函数,且满足 $\varphi(0) = 0$。

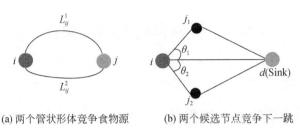

(a) 两个管状形体竞争食物源　　　(b) 两个候选节点竞争下一跳

图 8-3　多候选者的竞争

式(8-2)解释了 Physarum 管状形体的自适应调节关系。在平衡状态,任意节点满足条件 $\varphi(|Q_{ij}|)=\delta D_{ij}$,通过每一个管体的液体是稳定的。在非平衡状态,如果 $\varphi(|Q_{ij}|)>\delta D_{ij}$,管状形体直径将会增大;反之,管状形体直径将会减小。随着管状形体增大、减小,实现对 Physarum 管状形体的自适应调节。

由式(8-1)和式(8-2)组成 PPFO 模型,由于 PPFO 模型可以自发形成网络并进行自适应调节,使之为无线网络路由发现及优化问题提供了一种新的解决思路,因此,该模型是本章的理论基础。

8.3.2　基于 PPFO 的自适配模型

根据 SINET 原理,网络组件层的路由组件构建成转发网络族群后,还需要组件之间的自主协调以完成数据转发任务。本章将 PPFO 模型引入 SINET,解决转发网络族群的自适配问题。下面采用无量纲分析方法,将式(8-1)和式(8-2)表示的 PPFO 流体力学模型迁移到 SINET。

首先,D_{ij} 是管状物的流通性,是表示管状物对流体输送能力的物理参数。类似地,SINET 中需要考虑链路的数据传输能力,因此用可用带宽 B_{ij} 替代 D_{ij},表示组件 i 和组件 j 之间链路的传输能力。其次,L_{ij} 表示管状物的长度,其值越大,对流体输送越不利。在 SINET 中,源和目的之间的距离对数据传送的影响微乎其微。由于路由转发时需要进行分析处理,中转次数对数据传送有重要影响。因此可以用中继次数(或跳数)H_{ij} 替换 L_{ij},表示从源到目的经过转发的跳数。最后,ΔP_{ij} 表示管状物两端流体的压力,压力越大,对流体输送越有利。在 SINET 中,中继节点的等待任务数目越少,对数据传输越有利。因此,可以用从源到目的之间待处理任务总数的倒数 $1/T_{ij}$ 替代 ΔP_{ij}。则式(8-1)可以转化为

$$Q_{ij}=\frac{D_{ij}\Delta P_{ij}}{L_{ij}}=\frac{B_{ij}}{H_{ij}T_{ij}} \tag{8-3}$$

其中,Q_{ij} 是单位时间内可以通过链路 ij 的通信量。式(8-3)说明一条链路的虚拟通信量与该链路的带宽成正比,与该链路的跳数、链路中转发组件最长等待任务队列成反比。

在 PPFO 模型中，由于 D_{ij} 随着流体在管状物中流动而变化，因此通过 $D_{ij}(t)$ 的进化实现 Physarum 的自适配调节。在网络中，B_{ij} 随着网络中业务量的变化而变化，因此，可以通过 $B_{ij}(t)$ 的进化实现路由决策的自适配调节。假设单调递增函数 $\varphi(Q)=Q^{\mu}$，可以得到

$$\frac{\mathrm{d}}{\mathrm{d}t}B_{ij}=\varphi(|Q_{ij}|)-\delta B_{ij}=\left(\frac{B_{ij}}{H_{ij}T_{ij}}\right)^{\mu}-\delta B_{ij} \tag{8-4}$$

其中，δ 是链路带宽的使用率。式(8-4)表明链路的可用带宽会随着链路带宽使用的增加而减少。因此，利用式(8-4)对转发网络族群进行自适配路由选择。即根据链路的可用带宽、跳数和最长等待队列的长度综合衡量链路的可用性能，然后与应用需求进行匹配，完成路由选择。

8.3.3　自适配路由算法

在 SINET 中，当用户申请网络服务时，由网络服务层完成服务需求和服务提供的匹配，由资源适配层动态地构建能够满足用户需求的网络族群，由网络组件层完成数据的转发与存储，最终实现用户申请的服务。本节提出的自适配路由算法解决网络组件层的数据转发问题，即当构建能够满足用户需求的网络族群后，如何利用族群内的网络组件进行自适配的路由选择，当族群内由于资源变化不能满足任务需求时，如何进行资源重构，以满足任务的资源需求。下面结合图 8-4 所示场景介绍本章提出的自适配路由算法。

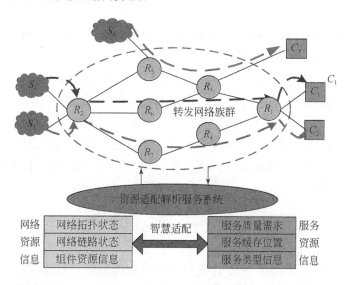

图 8-4　自适配路由策略举例

假设客户端 C_1、C_2 和 C_3 提出了服务请求，经过资源适配解析服务系统的智慧

匹配,网络族群 S_1、S_2 和 S_3 分别可以为 C_1、C_2 和 C_3 提供服务。根据 SINET 工作原理,资源适配解析服务系统构建相应的网络族群实现这三个服务。假设(S_1,C_1)、(S_2,C_2) 和 (S_3,C_3) 构建的网络族群分别为$[C_1,R_1,R_2,R_3,R_4,R_5,R_6,R_7,S_1]$、$[C_2,R_1,R_2,R_3,R_4,R_5,R_6,R_7,S_2]$和$[C_3,R_5,R_3,S_3]$,如图 8-4 所示,其中,$(S_1,C_1)$ 和 (S_2,C_2)共用转发网络族群$[R_1,R_2,R_3,R_4,R_5,R_6,R_7]$。$(S_3,C_3)$使用转发网络族群$[R_3,R_5]$。则提出的路由策略根据网络资源和服务资源实现数据在转发族群内的自适配转发,具体算法介绍如下。

(1)资源适配解析服务系统经过资源适配,向一组网络组件发送命令,构建转发网络族群。

(2)如果转发网络族群接收到 $m(m>0)$ 个数据转发任务,则继续;如果转发网络族群任务完成,则转向第(7)步;否则,转发网络族群休眠。

(3)从资源适配解析服务系统获取网络状态信息,如转发网络族群拓扑、链路状态、组件资源等。根据获取的网络状态信息计算从转发网络族群入口 i 到出口 j 的可用带宽 B_{ij}、待处理任务数量 T_{ij} 和中转跳数 H_{ij}。为了更好地衡量链路 ij,B_{ij} 用链路 ij 中可用带宽最小的一段链路的可用带宽表示,T_{ij} 用链路 ij 中组件待处理任务队列最大的任务数表示。

(4)根据式(8-4)计算转发网络族群内每一条可用链路的 dB_{ij}/dt。如果 $dB_{ij}/dt \geqslant 0$,则表示链路可以承载新的任务;否则表示所选链路不能承载新的任务。如果存在 $k(k \geqslant m)$ 条 $dB_{ij}/dt \geqslant 0$ 的链路,则转向第(5)步;否则,转向第(6)步。

(5)从资源适配解析服务系统获取服务资源信息,如带宽需求、延时需求等。将服务资源需求信息与 k 条可用链路进行匹配,为每一个任务分配一条合适路由进行传输,然后转向第 2 步。

(6)通知资源适配解析服务系统收回本转发网络族群中所有资源,将正在传输的 n 个任务与待处理的 m 个任务一起进行资源重构,转向第(3)步。

(7)资源适配解析服务系统发送命令,解散转发网络族群。

通过上述算法,自适配与可重构路由算法会根据族群内组件负载、链路负载以及任务的 QoS 需求,合理地选择一条从入口到出口的路由,实现转发网络族群内路由的自适配构建。

8.4　协 议 分 析

下面结合图 8-5 所示的例子讨论自适配路由模型的稳定性。在图 8-5 中,组件 i 到组件 j 有两条路由 $R_1:[i,p_1,j]$ 和 $R_2:[i,p_2,p_3j]$。为了简化表示,与路由 R_1 相关的量用下标 1 表示,与路由 R_2 相关的量用下标 2 表示。如果从组件 i 到组件 j 存在多个任务,为了均衡网络负载,路由 R_1 和 R_2 应该承载的通信负载可表示为

$$\begin{cases} Q_1 = \dfrac{B_1/(H_1 T_1)}{B_1/(H_1 T_1) + B_2/(H_2 T)_2} \\[3mm] Q_2 = \dfrac{B_2/(H_2 T_2)}{B_1/(H_1 T_1) + B_2/(H_2 T_2)} \end{cases} \tag{8-5}$$

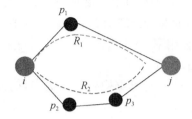

图 8-5　路由自适配举例

由于 Q_1 和 Q_2 非负,式(8-4)转化为

$$\begin{cases} \dfrac{\mathrm{d}}{\mathrm{d}t} B_1 = \varphi(Q_1) - \delta B_1 \\[3mm] \dfrac{\mathrm{d}}{\mathrm{d}t} B_2 = \varphi(Q_2) - \delta B_2 \end{cases} \tag{8-6}$$

令 $\varphi(Q) = Q^\mu$,令 $\dfrac{\mathrm{d}}{\mathrm{d}t} B_1 = 0, \dfrac{\mathrm{d}}{\mathrm{d}t} B_2 = 0$,得

$$\begin{cases} \left[\dfrac{B_1/(H_1 T)_1}{B_1/(H_1 T)_1 + B_2/(H_2 T_2)} \right]^\mu = \delta B_1 \\[3mm] \left[\dfrac{B_2/(H_2 T)_2}{B_1/(H_1 T_1) + B_2/(H_2 T_2)} \right]^\mu = \delta B_2 \end{cases} \tag{8-7}$$

从式(8-7)可以得出

$$\begin{cases} B_1 = \dfrac{1}{\delta} (1/\{1 + [H_1 T_1/(H_2 T_2)]\}^{1/(1-\mu)})^\mu \\[3mm] B_2 = \dfrac{1}{\delta} (1/\{1 + [H_2 T_2/(H_1 T_1)]\}^{1/(1-\mu)})^\mu \end{cases} \tag{8-8}$$

也就是说,只要给定合适的参数 (δ, μ) 和变量的取值 (H_1, T_1, H_2, T_2),就可以得到每条路由带宽分配的均衡点 $E: (B_1, B_2)$。

下面分析这个均衡点 E 的稳定性,式(8-6)右边的雅各比矩阵为

$$J = \begin{bmatrix} \dfrac{\mu Q_1^{\mu-1} B_2/(H_2 T_2)}{H_1 T_1 [B_1/(H_1 T_1) + B_2/(H_2 T_2)]^2} - \delta & \dfrac{-\mu Q_1^{\mu-1} B_1/(H_1 T_1)}{H_2 T_2 [B_1/(H_1 T_1) + B_2/(H_2 T_2)]^2} \\[5mm] \dfrac{-\mu Q_2^{\mu-1} B_2/(H_2 T_2)}{H_1 T_1 [B_1/(H_1 T_1) + \Delta P_2/(H_2 T_2)_2]^2} & \dfrac{\mu Q_2^{\mu-1} B_1/(H_1 T_1)}{H_2 T_2 [B_1/(H_1 T_1)_1 + B_2/(H_2 T_2)]^2} - \delta \end{bmatrix} \tag{8-9}$$

在均衡点处的雅各比矩阵为

$$J(E) = \delta \begin{bmatrix} \mu Q_2^* - 1 & -\mu \dfrac{H_1 T_1}{H_2 T_2} Q_1^* \\ -\mu \dfrac{H_2 T_2}{H_1 T_1} Q_2^* & \mu Q_1^* - 1 \end{bmatrix} \qquad (8\text{-}10)$$

其中，Q_1^* 和 Q_2^* 是在均衡点 E 处分别沿路由 R_1 和 R_2 的通信量。假设 $Q_1^* + Q_2^* = I$，可以得到 $\det J(E) = \delta(1 - \mu I)$ 和 $\mathrm{tr} J(E) = \delta(\mu I - 2)$。其中，$I$ 表示需要传输的通信总量。这里 δ 是链路带宽的使用率，且 $\delta > 0$。设 $I = 1$，则当 $\mu > 1$ 时，$\det J(E) < 0$；当 $0 < \mu < 1$ 时，$\det J(E) > 0$，$\mathrm{tr} J(E) < 0$。

因此，在 SINET 的自适配与可重构路由算法中，如果令 $\mu \in (0, 1)$，则可以始终得到一种稳定的路由方案。

8.5　原型验证

8.5.1　原型系统介绍

为了验证提出的自适配算法，构建的原型系统如下所示。

1. 系统拓扑结构

原型验证系统拓扑结构如图 8-6 所示，包括 4 个服务器、3 个客户端和 7 个路由器。

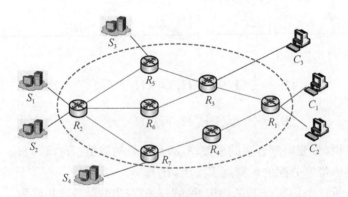

图 8-6　原型验证系统拓扑结构

2. 组成部分介绍

(1) R_1、R_2、R_3、R_4、R_5、R_6 和 R_7：具有感知、协作能力的路由器，能够感知邻接路由器的状态并协同工作。其中，$F_1 : [R_1, R_2, R_3, R_4, R_5, R_6, R_7]$ 和 $F_2 : [R_3, R_4]$

分别构成转发网络族群。

（2）C_1、C_2 和 C_3：服务请求终端，根据应用需要提出服务请求。

（3）S_1、S_2 和 S_3：服务器，分别为 C_1、C_2 和 C_3 提供服务。在 SINET 中，如何选取适合用户需求的服务网络族群需要经过资源适配层的博弈决策。本书为了简化原型系统设计，在保证问题模型不变的前提下，用服务器 S_1、S_2 和 S_3 替代博弈决策获得的服务网络族群。

（4）S_4：资源适配解析服务系统，提供网络状态信息和服务资源信息。此外，为了直观了解原型系统运行情况，设计了网络态势可视化显示程序，实时显示网络拓扑、数据流等信息，运行在 S_4 中。

3. 服务需求场景

系统验证过程按下面顺序提出服务请求：

（1）客户端 C_1 请求服务器 S_1 提供的服务，用（S_1,C_1）表示。

（2）客户端 C_2 请求服务器 S_2 提供的服务，用（S_2,C_2）表示。

（3）客户端 C_3 请求服务器 S_3 提供的服务，用（S_3,C_3）表示。

4. 链路带宽限制

为了更好地体现路由自适配路由算法，系统限制路由器 R_1、R_2、R_3、R_4、R_5、R_6 和 R_7 之间链路的可用带宽为 4Mbit/s。按照上述设置，在原型系统中分别使用自适配路由算法和互联网常用的开放式最短路径优先（open shortest path first，OSPF）路由协议[24]验证系统运行情况。

8.5.2　采用自适配路由算法效果

采用 8.5.1 节所述原型系统及服务需求场景，可以得到与 SINET 如何进行自适配路由选择相同的场景。这样可以忽略相对于自适配路由选择的次要因素，讨论转发网络族群内路由组件的自适配路由算法。

1. 启动原型系统

原型系统启动后，没有任何组件提出服务请求，只有维护原型系统正常运行的必要数据流，如路由器之间的交互、资源适配解析服务系统获取网络状态信息、网络态势可视化显示模块获取网络态势信息的数据流等。此时，网络态势可视化显示界面如图 8-7 所示。

2. 客户端 C_1 请求服务器 S_1 提供的服务

当客户端 C_1 向服务器 S_1 发出请求后，S_1 需要通过转发网络族群 F_1 向 C_1 提

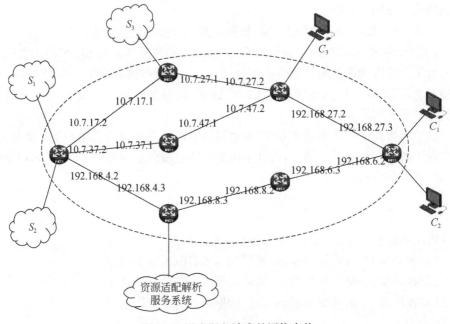

图 8-7　没有服务请求的网络态势

供服务。通过自适配与可重构路由算法,选出$[S_1, R_2, R_5, R_3, R_1, C_1]$完成服务$(S_1, C_1)$。网络态势可视化显示界面如图 8-8 所示。

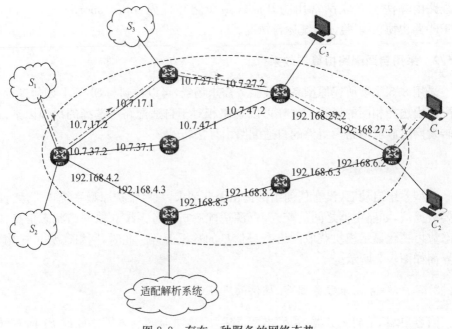

图 8-8　存在一种服务的网络态势

3.客户端 C_2 请求服务器 S_2 提供的服务

当客户端 C_2 向服务器 S_2 发出请求后,S_2 需要通过转发网络族群 F_1 向 C_2 提供服务。通过自适配路由算法,选出 $[S_2,R_2,R_7,R_4,R_1,C_2]$ 完成服务 (S_2,C_2)。在此网络状态下,根据链路带宽限制条件,且链路 $[R_3,R_1]$ 已经为 (S_1,C_1) 提供服务,选择 $[R_2,R_7,R_4,R_1]$ 为 (S_2,C_2) 提供服务。网络态势可视化显示界面如图 8-9 所示。

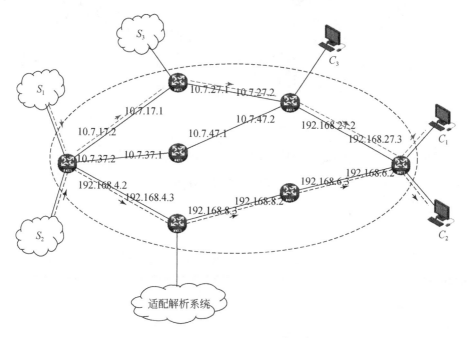

图 8-9　存在两种服务的网络态势

4.客户端 C_3 请求服务器 S_3 提供的服务

当客户端 C_3 向服务器 S_3 发出请求后,S_3 需要通过转发网络族群 F_2 向 C_3 提供服务。通过自适配路由算法,没有合适的路由能够为 (S_3,C_3) 提供服务。因此,通知资源适配解析系统收回所有转发网络族群 F_1 可用的资源,将正在传送和待传送的任务一起重新进行路由适配。通过自适配路由算法重新计算,选出 $[S_1,R_2,R_6,R_3,R_1,C_1]$、$[S_2,R_2,R_7,R_4,R_1,C_2]$ 和 $[S_3,R_5,R_3,C_3]$ 分别完成服务 (S_1,C_1)、(S_2,C_2) 和 (S_3,C_3)。网络态势可视化显示界面如图 8-10 所示。

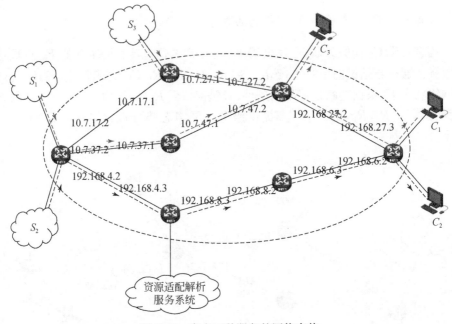

图 8-10　存在三种服务的网络态势

8.5.3　采用 OSPF 路由效果

下面采用 OSPF 路由协议替代自适配路由算法完成服务 (S_1,C_1)、(S_2,C_2) 和 (S_3,C_3)。

1. 启动原型系统

原型系统启动后，此时没有任何服务请求，网络态势与图 8-7 所示态势相同。

2. 客户端 C_1 请求服务器 S_1 提供的服务

当客户端 C_1 向服务器 S_1 发出请求后，由于 S_1 到 C_1 的路由均为 4 跳，因此，可用路由与 OSPF 路由建立的先后关系以及设备开启的顺序有关。调整路由器开机顺序，可以获得路由 $[R_2,R_5,R_3,R_1]$ 为 (S_1,C_1) 提供服务。则此时网络态势与图 8-8 所示相同。

3. 客户端 C_2 请求服务器 S_2 提供的服务

当客户端 C_2 向服务器 S_2 发出请求后，OSPF 路由同样选择路由 $[R_2,R_5,R_3,R_1]$ 为 (S_2,C_2) 提供服务，网络态势可视化显示界面如图 8-11 所示。此时，路由 $[R_2,R_5,R_3,R_1]$ 同时承载服务 (S_1,C_1) 和 (S_2,C_2)，用户体验下降。

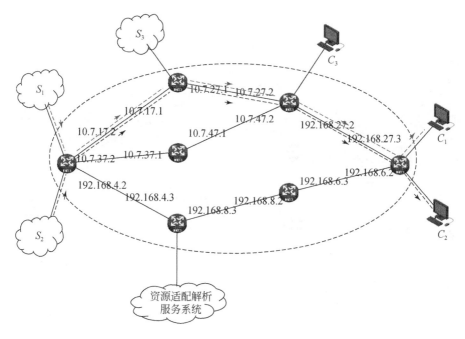

图 8-11　OSPF 路由协议存在二种服务的网络态势

4. 客户端 C_3 请求服务器 S_3 提供的服务

当客户端 C_3 向服务器 S_3 发出请求后,OSPF 路由选择路由 $[R_5,R_3]$ 为 (S_3,C_3) 提供服务,网络态势可视化显示界面如图 8-12 所示。此时,路由 $[R_2,R_5,R_3,R_1]$ 同时承载服务 (S_1,C_1)、(S_2,C_2) 和 (S_3,C_3),服务质量无法保证,用户体验明显下降。

8.5.4　测试结果对比

在原型系统中测量了自适配路由算法和 OSPF 路由协议在不同情况下的丢包率,每种情况测试时间为 90s 并连续测试 10 次,求其平均值并进行比较分析。

图 8-13 表示采用 OSPF 路由协议情况下,在路由 $[R_2,R_5,R_3,R_1]$ 上分别通过 1 条视频流、2 条视频流和 3 条视频流的丢包率。从图 8-13 中可以看出,当仅有 1 条视频流通过路由 $[R_2,R_5,R_3,R_1]$ 时,链路丢包率基本为 0;当有 2 条视频流通过路由 $[R_2,R_5,R_3,R_1]$ 时,链路丢包率明显增加;当有 3 条视频流通过路由 $[R_2,R_5,R_3,R_1]$ 时,链路丢包率基本保持在 35% 以上,严重影响了视频的效果。这是因为在链路带宽限制 4Mbit/s 的情况下,当有 1 条数据流通过路由 $[R_2,R_5,R_3,R_1]$ 时,链路带宽完全能够满足视频流需求,丢包率近乎为 0;当有多条数据流通过时,链路不能满足视频业务需要,将会出现数据包的错乱、失效等,丢包率较大。

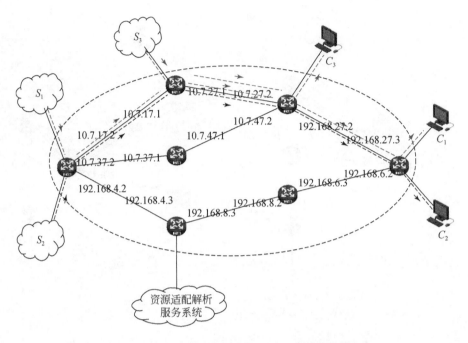

图 8-12   OSPF 路由协议存在三种服务的网络态势

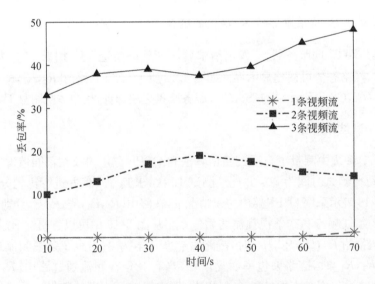

图 8-13   OSPF 路由协议承载不同视频流时的丢包率

图 8-14 表示采用 OSPF 路由协议情况下,在路由 $[R_2, R_5, R_3, R_1]$ 上分别通过 1 条视频流+1 条 FTP 流、2 条视频流+2 条 FTP 流和 3 条视频流+3 条 FTP 流

的丢包率。从图 8-14 中可以看出,当有 1 条视频流＋1 条 FTP 流通过路由[R_2,R_5,R_3,R_1]时,链路的丢包率较低,为 2％～3％;当有 2 条视频流＋2 条 FTP 流通过路由[R_2,R_5,R_3,R_1]时,链路丢包率显著增加,最高可达 60％左右;当有 3 条视频流＋3 条 FTP 流通过路由[R_2,R_5,R_3,R_1]时,链路丢包率基本维持在 60％以上,链路基本已经失效。这是因为在链路带宽限制 4Mbit/s 的情况下,当 1 条视频流＋1 条 FTP 流通过路由[R_2,R_5,R_3,R_1]时,链路带宽基本能够满足视频流和 FTP 流的需求,丢包率很低,此时 FTP 流的传输速度维持在 240KB/s 左右;当有 2 条视频流＋2 条 FTP 流通过时,链路不能满足视频流和 FTP 流的需要,丢包率很大,视频效果较差,此时 FTP 流的传输速度维持在 120KB/s 左右;当有 3 条视频流＋3 条 FTP 流通过时,链路几乎失效,视频无法观看,此时 FTP 流的传输速度维持在 80KB/s 左右。

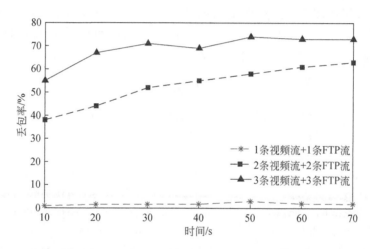

图 8-14　OSPF 路由协议承载不同视频流和 FTP 流时的丢包率

　　采用自适应路由算法时,通过自适配路由算法,可以将不同视频流分配到不同的链路传输。当有 1 条、2 条和 3 条不同视频流时的分配结果分别如图 8-8、图 8-9和图 8-10 所示。此时,每条链路的丢包率与图 8-13 中仅有 1 条视频流的丢包率相似,几乎为 0。因此,不管是 1 条、2 条或 3 条视频流,用户都可以看到良好的视频效果。当有 1 条视频流＋1 条 FTP 流、2 条视频流＋2 条 FTP 流和 3 条视频流＋3 条 FTP 流时,自适配路由算法会将每条链路分配 1 条视频流和 1 条 FTP 流,每条链路带宽基本能够满足视频流和 FTP 流的需求,丢包率与图 8-14 中 1 条视频流＋1 条 FTP 流的丢包率相似,此时 FTP 流的传输速度维持在 240KB/s 左右,视频也可正常观看。

　　综上可以看出,与传统路由策略相比,自适配路由算法可以根据网络状态,自主调节转发网络族群的路由,有效解决现有路由策略的静态、僵化问题,显著提升网络可承载的业务数量和用户体验。

8.6 小　结

本章在 SINET"三层""两域"结构模型下,面向"三层"中的网络组件层,提出自适配路由算法。该策略将 PPFO 模型迁移到 SINET,将路由组件看成食物节点,将 PPFO 模型中需要调节的参数(节点间距离、管状体流通性和节点间压差)映射到 SINET 的相应参数(路由跳数、可用带宽和待处理任务数),获得能够自主调节的自适配路由模型。利用该模型,实现转发网络族群内路由组件间的智慧协调、动态重构和优化决策,可有效解决现有路由策略的静态、僵化问题。通过原型验证系统,对转发网络族群内组件的自适配问题进行验证,并与经典的 OSPF 路由协议进行了比较,证明了提出的自适配与可重构路由算法是切实可行的,并能显著提升网络承载业务数量和改善用户体验效果。

参 考 文 献

[1] Fisher W,Suchara M,Rexford J. Greening backbone networks:Reducing energy consumption by shutting off cables in bundled links[C]//Proceedings of the First ACM SIGCOMM Workshop on Green Networking,New Delhi,2010.

[2] Goma E,Canini M,Toledo A L,et al. Insomnia in the access:Or how to curb access network related energy consumption[C]//Proceedings of the ACM SIGCOMM,Toronto,2011.

[3] Clark D,Braden R,Sollins K,et al. New ARCH:Future generation Internet architecture[EB/OL]. http://www. isi. edu/newarch/iDOCS/final. finalreport. pdf[2018-10-15].

[4] National Science Foundation of United States. GENI:Global environment for network innovatio NS[EB/OL]. http://www. geni. net[2019-1-20].

[5] National Science Foundation of United States. FIND:Future Internet network design [EB/OL]. http://www. nets-find. net/[2019-1-20].

[6] National Science Foundation of United States. Future Internet architecture project[EB/OL]. http://www. nets-fia. net/[2019-1-20].

[7] US Ignite Forum. US IGNITE [EB/OL]. http://us-ignite. org/[2019-1-20].

[8] ICT Work Program. FIRE Project [EB/OL]. http://www. nsmcluster. com/en/fire-project/[2019-1-21].

[9] Fotiou N,Nikander P,Trossen D,et al. Developing information networking further:From PSIRP to PURSUIT [C]//International ICST Conference on Broadband Communications, Networks,and Systems,Athens,2012.

[10] Kutscher,D,Ohlman B,Farrell S,et al. Network of information (NetInf)-An information-centric networking architecture. Computer Communications,2013,36(7):721-735.

[11] NICIT. AKARI [EB/OL]. http://www. nict. go. jp/[2019-1-21].

[12] Asia Future Internet Forum. AsiaFI [EB/OL]. http://www. asiafi. net/[2019-1-21].

[13] Koponen T,Chawla M,Chun B,et al. A data-oriented(and beyond)network architecture [C]// Proceedings of the 2007 Conference on Applications,Technologies,Architectures,and Protocols for Computer Communications,Kyoto,2007.

[14] Jacobson V,Smetters D,Thornton J,et al. Networking named content [J]. Communications of the ACM,2012,55(1):117-124.

[15] 张宏科,苏伟. 新网络体系基础研究———一体化网络与普适服务[J]. 电子学报,2007,35 (4):593-598.

[16] 杨水根,秦雅娟,周华春,等,基于身份与位置分离的嵌套移动网络路由优化机制[J]. 电子学报,2008,36(7):1261-1267.

[17] 刘畅,宋飞,孙亮,等. 基于连接标识的映射通信[J]. 电子学报,2012,40(10):1920-1926.

[18] 张宏科,罗洪斌. 智慧协同网络体系基础研究[J]. 电子学报,2013,41(7):1249-1254.

[19] 苏伟,陈佳,周华春,等. 智慧协同网络中的服务机理研究[J]. 电子学报,2013,41(7): 1255-1260.

[20] 郜帅,王洪超,王凯,等. 智慧网络组件协同机制研究[J]. 电子学报,2013,41(7): 1261-1267.

[21] Nakagaki T,Yamada H,Toth A. Maze-solving by an amoeboid organism [J]. Nature,2000, 407(6803):470.

[22] Tero A,Takagi S,Saigusa T,et al. Rules for biologically inspired adaptive network design [J]. Science,2010,327(5964):439-442.

[23] Tero A,Kobayashi R,Nakagaki T. A mathematical model for adaptive transport network in path finding by true slime mold[J]. Journal of Theoretical Biology,2007,244(4):553-564.

[24] Sheth N,Wang L,Zhan J,et al. OSPF hybrid broadcast and point-to-multipoint interface type. http://tools. ietf. org/html/rfc6845[2018-10-20].

第9章 ICN 自适应拥塞控制协议

9.1 引　　言

随着互联网中的流量爆发式地增加,通信网络也承担了更多的压力。传统网络架构对于移动接入、海量流媒体显得有心而无力[1],在网络的安全性、扩展性等方面逐渐暴露出弊端。传统网络采用以"推"为主的通信方式获取内容,这种方式导致内容提供端出现冗余现象,产生拥塞问题。目前,研究者针对传统网络中的问题,提出了很多解决方案,其中也有采用"革命"式的解决方案试图从根本上解决当今互联网存在的问题[2]。

网络拥塞会导致吞吐量下降和可用资源不足。如果能够预先得知拥塞问题,提前做好防御措施,那么网络的拥塞现象就可以得到较大的改善[3]。可将预测算法嵌入网络通信中,通过异常检测、主动拥塞检测提高网络的整体性能,通过资源的均衡利用提供更好的服务质量。目前,网络中流量的预测方法主要有两种:传统统计和智能预测。传统的统计方法主要是基于线性回归理论,相关研究表明这类方法不能准确地反映网络流量的非线性变化。本书采用智能预测,将深度学习算法应用于网络流量预测。

与传统的 TCP/IP 网络相比,ICN 最大的特点是网内存在缓存以及数据多源问题。TCP/IP 网络中基于单一源的超时重传机制不能很好地适用于 ICN。本章采用显式反馈机制代替传统 TCP/IP 协议的隐式反馈机制,使用深度学习算法进行非线性函数拟合,并在此基础上提出一种基于深度学习的自适应拥塞控制协议(adaptive congestion control protocol,ACCP),该算法通过预测能力较强的深度学习方法预测 ICN 路由器中 PIT 添加的条目数,对预测数据进行分析,提前了解网络的拥塞情况,动态选择转发路径,使网络传输性能达到最优。

9.2 深 度 学 习

Hinton 等[4]提出深度学习的概念,并基于深度信念网络(deep belief network,DBN)提出非监督贪心逐层训练算法,能够很好地解决深层结构相关的优化问题。DBN 是一类随机性深度神经网络,可以对事物进行统计建模、统计分布、建立统计型声学模型等,DBN 的网络拓扑结构如图 9-1 所示。

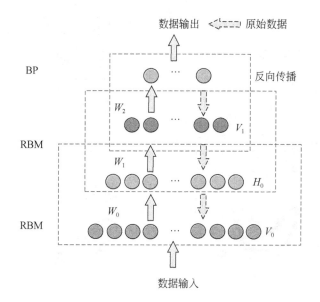

图 9-1　深度信念网络拓扑结构

　　DBN 采用非监督贪心逐层训练算法，包含两个过程：①非监督贪心逐层受限玻尔兹曼机（restricted Boltzmann machine，RBM）预训练；②多层反向传播（back propagation，BP）神经网络所构成的深层自动编码器（auto encoder，AE），用于微调模型的权值。该模型先通过多层 RBM 进行预训练，将网络展开为编码学习阶段和解码重构阶段。其中，编码学习阶段将原始高维的数据映射至低维空间，而解码重构阶段通过相同的解码网络重构数据[4]。DBN 的核心是 RBM，主要由可视层与隐层组成，网络中处于同一层的节点之间无连接，图 9-2 为 DBN 训练结构图。

　　1. 预训练阶段

　　预训练阶段所用到的 RBM 是含有随机二进制单元的两层网络。v_i 和 h_j 分别是可视层第 i 个单元和隐层第 j 个单元，两层之间连接着对称的权值 w，RBM 能量函数 $E(v,h)$ 为

$$E(v,h) = -\sum_i (a_i v_i) - \sum_j (b_j h_j) - \sum_{i,j} (v_i h_j w_{ij}) \tag{9-1}$$

其中，a_i 和 b_j 分别是可视层第 i 个单元和隐层第 j 个单元的偏置值；w_{ij} 是连接可视层第 i 个单元和隐层第 j 个单元之间的权值。

　　2. 微调阶段

　　当模型预训练结束后，将其展开为深层自动编码器双向网络结构，编码初始权

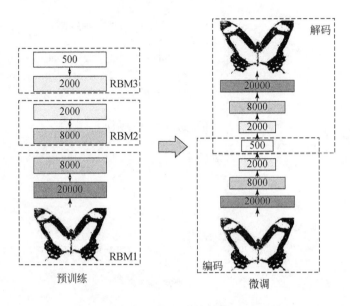

图 9-2　DBN 训练结构图

值使用 RBM 预训练好的权值信息,再执行 BP 学习算法微调参数[4],在 BP 调整过程中不断降低原始数据和网络重构数据之间的重构误差。通过向整个网络反向传播重构误差,利用梯度下降算法调整网络权值和节点阈值,直至满足最小误差要求。

9.3　显式拥塞机制

传统网络拥塞控制机制的参与者是端系统,其他部分如中间通信网络是透明的,拥塞状况不会被显示出来,网络的拥塞也就无法控制,类似一个"黑盒子"。"黑盒子"只负责数据从输入端口输入数据,输出数据到输出端,并发送到目的端。在这个过程中网络的中间情况无法得知,只能通过丢包或者 RTT 进行判断。

ICN 让路由器成为拥塞控制的参与者,与端系统一起控制拥塞,这是解决网络拥塞问题的一种趋势,受到诸多学者的青睐,并取得很多研究成果。这种显示拥塞通知(explicit congestion notification,ECN)技术是需要中间通信网络和端系统一起维持,共同避免拥塞造成损失,提高网络资源利用率。ECN 技术的关键是把指示字段添加到数据包中,其结构如图 9-3 所示。

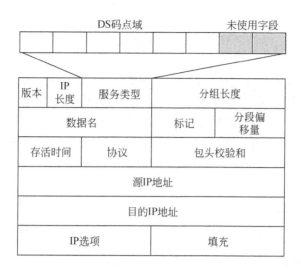

图 9-3　ECN 结构

IP 报文被 RFC2474[5] 重新定义后,把原先的 8 位服务类型(type of service, ToS)域分成两部分:一部分是 6 位的区分服务码点,表示队列发送的优先级;另一部分是 2 位的 ECN 使用字段,表示 ECN 机制能否被发送端使用,也可以表示网络是否发生拥塞。ECN 字段的具体含义如下所示:

(1)00:发送端不能进行 ECN 机制。

(2)01 或 10:发送端可以进行 ECN 机制。

(3)11:路由器正在遭遇网络拥塞。

在 ECN 机制中,数据包的 ECN 字段在发送端时就被设置成 01 或者 10。数据传输到路由器时,如果正在发送拥塞并且此路由器也支持 ECN 机制,就把此字段修改为 11,其他情况不做处理。如果此字段在上游已被其他路由器修改过,此时也不做处理。数据包到达接收端时,接收端会检测此字段的值,如果为 11 就通过 ACK 的方式把网络拥塞情况告知发送端,发送端就会稍作调整,进入慢启动与拥塞避免阶段。

客户端无须重新发送拥塞数据分组,这是带有 ECN 拥塞控制的一大特点。它可以减少传输耗时,在较短的连接上体现得更加明显。当一个短数据流的最后一个分组丢失时,要等到重传定时器超时后发送端才能重新发送该分组,发送速率也要重新开始,这无疑延长了短数据流的传输时间。这种机制和有限传输机制有很大区别,当传输少量分组数据时,ECN 机制中重传超时不会发生,而会发生在有限传输机制中,当路由器的缓存已满导致分组被丢弃时,有限传输机制可以避免重传超时的发生,而 ECN 可能不行。

9.4　基于深度学习的自适应拥塞控制算法

ACCP 通过深度学习方法预测 ICN 路由器中 PIT 条目,再对预测数据进行分析、判断,提前了解网络的拥塞情况,动态选择转发路径,使网络传输达到最优。ACCP 分为两个阶段:第一阶段是适应性训练,通过自适应训练从过去的数据中学习如何预先检测问题;第二阶段是拥塞避免,是在拥塞发生之前进行拥塞避免。图 9-4 为 ACCP 两个阶段的关系图,其中,Q 的含义见 9.4.2 节。

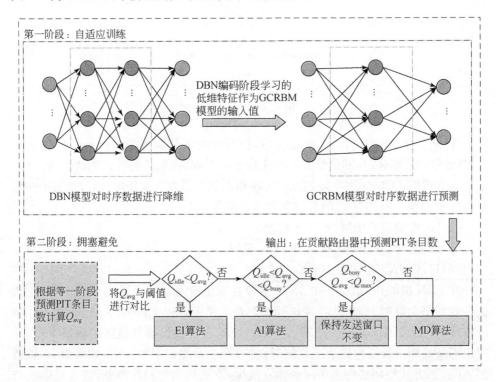

图 9-4　ACCP 架构

9.4.1　自适应训练

在自适应训练提出了一个基于深度学习的时间序列预测(time series prediction based on deep learning,TSPDL)模型,由深度信念网络模型和高斯过程的条件受限玻尔兹曼机(Gaussian conditional RBM,GCRBM)时序模型组合而成,如图 9-5 所示。TSPDL 模型首先通过 DBN 模型对时序数据进行降维(即模型训练);然后将降维的数据放入 GCRBM 模型中预测下一个时序数据(即预测时序数据）。详细描述如下所示。

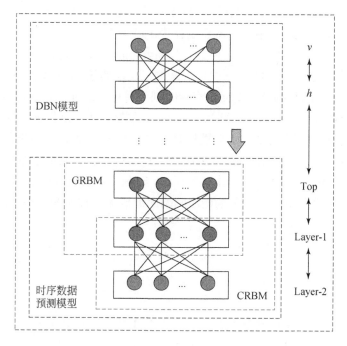

图 9-5 基于深度学习的时间序列预测模型

1.模型训练过程

当训练模型时,每一类时序数据都要先通过 DBN 的编码阶段进行学习,学习低维特征,再将低维特征作为 GCRBM 模型的输入值,最后通过 GCRBM 模型预测下一个时序数据。该模型积累了每个时间序列数据的特征,并更新网络的参数。

$$w_{ij} \leftarrow w_{ij} + \Delta w_{ij}, \quad \Delta w_{ij} = \varepsilon \frac{\partial \log p(v)}{\partial w_{ij}} \tag{9-2}$$

$$a_i \leftarrow a_i + \Delta a_i, \quad \Delta a_i = \varepsilon \frac{\partial \log p(v)}{\partial a_i} c \tag{9-3}$$

$$b_j \leftarrow b_j + \Delta b_j, \quad \Delta b_j = \varepsilon \frac{\partial \log p(v)}{\partial b_j} \tag{9-4}$$

其中,ε 为模型学习率;w_{ij} 为连接两层之间权值;a_i 和 b_j 分别为可视层中第 i 个偏置和隐层中第 j 个偏置;$p(v)$ 为 RBM 依据式(9-1)整体能量函数 $E(v,h)$ 为每一个可视层节点状态分配的抽样概率。

2.时序预测过程

时序预测过程先通过 DBN 学习时序数据的低维特征,得到重构误差,依据重构误差计算样本最大重构概率。再将低维特征作为 GCRBM 模型的输入值，最后在 GCRBM 模型中预测时序数据并将预测的数据返回 DBN 的编码器中，重构出时序数据 R_t 的高维数据（即在 t 时刻路由器中 PIT 的增加量）。

在 GCRBM 模型中采用高斯函数代替 sigmoid 函数解决受限玻尔兹曼不能使用实值数据的问题。在 GCRBM 模型中添加了两个直连因子 A 与 B，直连因子 A 是从过去 N 个时间步的可视单元到当前时刻可视单元的配置参数；直连因子 B 是从过去 M 个时间步的可视单元到当前时刻隐层单元的配置参数。将这两个直连因子用于直接连接时序信息，使得模型具有高效的预测能力。GCRBM 模型进行训练时，结合先前 k 时刻的可视层数据作为动态变量，实现直连的时间序列依赖性。因此，在训练过程中的某一时刻将前 k 个时刻的可视层时序信息加在可视层 v 和隐层 h 上，使得 GCRBM 模型的两层网络阈值成为一种新的动态阈值 $a_{i,t}$ 和 $b_{j,t}$，阈值更新公式如下：

$$a_{i,t} = a_i + \sum_k \sum_{q=1}^n (A_{ki}^{t-q} v_k^{t-q}) \tag{9-5}$$

$$b_{j,t} = b_j + \sum_k \sum_{q=1}^m (B_{kj}^{t-q} v_k^{t-q}) \tag{9-6}$$

其中，A 和 B 分别是从可视单元 k 到当前可视单元 i 和隐含单元 j 的有向连接的权重；A_{ki}^{t-q} 和 B_{kj}^{t-q} 分别是从 $t-q$ 时可视单元 k 到当前可见单元 i 和隐含单元 j 的有向连接的权重；$a_{i,t}$ 和 $b_{j,t}$ 分别表示在 t 时刻可视单元 i 和隐含单元 j 的动态偏差；v_k^{t-q} 表示 $t-q$ 时的可视单元。

在 GCRBM 模型更新各层权值与阈值的同时，两个直连因子 A 与 B 也需要按照以下规则进行更新[6]：

$$\Delta A_{ki}^{t-q} = v_k^{t-q} (\langle v_i^t \rangle - \langle v_i^t \rangle') \tag{9-7}$$

$$\Delta B_{kj}^{t-q} = v_k^{t-q} (\langle h_j^t \rangle - \langle h_j^t \rangle') \tag{9-8}$$

其中，$\langle v_i^t \rangle$ 和 $\langle h_j^t \rangle$ 为 t 时刻可见单元 i 和隐含单元 j 的节点值；$\langle v_i^t \rangle'$ 和 $\langle h_j^t \rangle'$ 为 t 时刻可见单元 i 和隐含单元 j 节点重构值；v_i^{t-q} 为第 $t-1, t-2, \cdots, t-q$ 时可视层的节点值。

在 DBN 中，需要对数据样本 x 进行重构，重构概率公式为

$$P(x'(i)|x) = \frac{\exp(-\parallel x'(i) - x \parallel^2)}{\sum_i \exp(-\parallel x'(i) - x \parallel^2)}, \quad i = 1, 2, \cdots, n \tag{9-9}$$

从重构概率的公式中可以看出，DBN 对数据样本 x 的重构误差越小，最后所得到的重构概率也就越大。这里，通过 DBN 对数据样本 x 的最大重构概率 $P(x'(i)|x)$ 识别 x 类别，识别规则为

$$C(x) = \underset{i}{\mathrm{argmax}} \{ P(x'(i) \mid x) \}, \quad i = 1, 2, \cdots, n \tag{9-10}$$

9.4.2　拥塞避免

通过自适应训练阶段收集路由器中 PIT 在 $t+1$ 时刻队列的增加量 R_{t+1} 的预测信息。在本阶段根据预测信息计算在 $t+1$ 时刻队列加权平均兴趣队列长度 Q_{avg}，与设定的阈值进行比较，将比较的拥塞级封装到否定应答（negative-acknowledgement，NACK）[7]包中，最后通过显示反馈机制发送回接收端，接收端据此调整兴趣包的发送速率控制发送端发送数据包的速率，使得网络拥塞得以控制。部署以下三个标准的组合，其中路由器中的每个接口在每个时间间隔内收集 NACK 包。

1. PIT 条目预测

通过第一个阶段（自适应训练）预测每个路由器在 $t+1$ 时刻 PIT 的增加量 R_{t+1}。

2. 拥塞检测

ACCP 通过计算队列中等待转发的兴趣包的数量可知预期返回的数据包。通过计算加权平均长度的兴趣队列来判断网络的拥塞程度。具体实施方案：在不损失一般性的情况下，将一个周期 T 等分为 n 个时间段。也就是说，每个周期 T 是指时间间隔 $[t-1,t]$。假设 Q_t 和 Q_{t+1} 是一个周期内检测出的瞬时兴趣队列的长度，则 Q_t 的权重值 W_t 大于 Q_{t+1} 的权重值 W_{t+1}。这意味着新的兴趣队列长度比旧的兴趣队列长度更重要。ACCP 采用线性增长的方式，W_t 的计算公式如下：

$$\sum_{t=1}^{n} W_t = 1 \tag{9-11}$$

$$W_{t+1} = \alpha W_t + \beta \tag{9-12}$$

其中，α 和 β 为常数，$\alpha>1$，$\beta\to0$。假设队列在每个时间段发送兴趣包的能力为 P_t，那么在 T 期间的最终加权平均兴趣队列长度为

$$Q_{avg} = \sum_{t=1}^{n} (Q_t + R_{t+1} - P_t) W_{t+1} \tag{9-13}$$

其中，Q_t 为在 t 时队列的长度；R_{t+1} 为 $t+1$ 时刻预测 PIT 增加数。

ACCP 以 Q_{avg} 作为衡量网络拥塞状态的指标，将网络按照不同的拥塞程度划分成三个互相独立的区域，分别是链路空闲（idle link）区域，链路轻度繁忙（light busy link）区域，链路重度繁忙（heavy busy link）区域和链路拥塞（congestion link）区域。这三个区域的拥塞程度是单调递增的，其约束条件如下。

阈值：　　　　　　　　　　$0 \leqslant Q_{idle} < Q_{busy} \leqslant Q_{max}$ 　　　　　　（9-14）

空闲链路：　　　　　　　　　　$Q_{avg} < Q_{idle}$ 　　　　　　　　　（9-15）

轻度繁忙链路：　　　　　　$Q_{idle} \leqslant Q_{avg} < Q_{busy}$ 　　　　　　（9-16）

重度繁忙链路：$\qquad\qquad\qquad Q_{busy} \leqslant Q_{avg} < Q_{max}$　　　　　　　　(9-17)

拥塞链路：$\qquad\qquad\qquad\qquad Q_{avg} \geqslant Q_{busy}$　　　　　　　　(9-18)

其中，Q_{idle} 与 Q_{busy} 是用于分类拥塞级别的阈值参数。ACCP 检测兴趣队列，当 $Q_{avg} < Q_{idle}$ 时，链路处于空闲状态；当 $Q_{idle} \leqslant Q_{avg} < Q_{busy}$ 时，链路处于轻度繁忙状态；当 $Q_{busy} \leqslant Q_{avg} < Q_{max}$ 时，链路处于重度繁忙状态；当 $Q_{avg} \geqslant Q_{busy}$ 时，链路处于拥塞状态；本书依据上述的约束条件向接收端反馈相应的检测信息，接收端再通过该信息进行调节发送速率。

3. 显示拥塞通知

在进行拥塞检测后，拥塞信息需要反馈给接收者。ACCP 使用 NACK 分组，通过以下四个拥塞状态字段进行标识：

(1)"00"：空闲链路。

(2)"01"：轻度繁忙链路。

(3)"01"：重度繁忙链路。

(4)"11"：拥塞链路。

NACK 将拥塞级信息封装到兴趣分组中，并定义一个 N_Type 字段区分来自兴趣包的 NACK 数据包。NACK 由到达的兴趣包触发，如果它处于拥塞状态，将其封装到 NACK 中并将其反馈给接收端。如果是其他状态，兴趣包将进行正常的转发过程。与此同时，NACK 会将内容名复制到兴趣包中，通知分组沿着数据转发路径（即 PIT 中记录的兴趣请求路径）向下游转发给接收端。当通过每个中间节点时，NACK 中的拥塞状态信息在原有的拥塞级别与该节点本身的拥塞情况进行比较，将拥塞较重的信息进行更新。因此，当 NACK 到达接收端时，会携带链路上最为拥塞的状态。

接收端根据收到的拥塞状态调整兴趣包的发送率。与 TCP 类似，ACCP 也采用基于窗口的速率控制方式。接收端通过一个拥塞窗口变量 W，表示允许输出的最大数量。使用指数增加加法增加乘法递减（exponential increase additive increase multiplicative decrease，EIAIMD）算法。具体来说，如果接收到"00"，使用指数增加（exponential increase，EI）方法充分利用空闲带宽；如果收到"01"，使用加法增加（additive increase，AI）平滑地增加拥塞窗口；如果收到"10"，就保持当前窗口的大小；如果收到"11"，将使用乘法递减（multiplicative decrease，MD）快速减少拥塞窗口。详细的 EIAIMD 算法如下：

$$EI: W_{t+R} \leftarrow W_t \times (1+\xi)　　　　　　　　(9-19)$$

$$AI: W_{t+R} \leftarrow W_t + \eta　　　　　　　　(9-20)$$

$$MD: W_{t+R} \leftarrow W_t \times \gamma　　　　　　　　(9-21)$$

其中，R 为往返时间；W_t 为 t 时刻窗口的大小；ξ, η, γ 分别是 EI、AI、MD 的参数，并

且 $\xi>0,\eta>0,0<\gamma<1$,为了避免 EI 算法增加过快,影响算法的收敛性,使 $\xi=0.5$。显示拥塞机制在多源环境中比单个 RTT 估计更准确地预测网络拥塞。ACCP 在拥塞发生之前,主动通知接收端,避免网络发生拥塞,从而保持网络良好的性能。

9.5　仿真实验及分析

基于 NS3[8] 的 ndnSIM[9] 进行仿真实验,评估 ACCP 的性能。ndnSIM 仿真环境实现 ICN 节点的基本结构(即 CS、PIT、FIB、策略层等)。所提出的自适应训练方法(第一阶段)由 MATLAB 软件实现。该算法部署到 MATLAB 编译器中,通过 C++进行编程。C++程序与 ndnSIM 环境集成,能够在模拟环境中进行调整,提出的拥塞避免阶段也在 ndnSIM 环境中用 C++实现。

实验评估侧重于 ACCP 稳定网络状况和适应 ICN 多路径性质的能力,以及 ACCP 在多宿主主机上实现聚合带宽的能力。因此,对几个简化但有代表性的网络拓扑进行了详细的实验。ACCP 将与 ICP[10] 和 CHoPCoP[11] 进行对比分析,性能评价指标包括瞬时接收数据速率、接收端窗口大小以及路由器队列大小。ICP 是一个类似 TCP 的兴趣控制协议,在每个接收器处维护兴趣发送窗口,并按照 AIMD 原理进行更改。接收器使用基于 RTT 计算的超时定时器感知拥塞。CHoPCoP 也遵循 AIMD 原则但不使用定时器作为拥塞信号,而是使用路由器发回的 ECN 信息作为拥塞信号。

9.5.1　单源单路径环境

单源单路径环境下的拓扑结构如图 9-6 所示。拓扑中路由器 R 的两端分别连接数据接收端 C 和数据发送端 S,连接链路的带宽、时延分别是 200Mbit/s、50ms 和 40Mbit/s、5ms。根据带宽延迟乘积规则,将路由器接口输出数据队列的大小设置为 40MByte/s×300ms=12MByte。例如,一个 2MByte 的内容文件,共有 100 个块,每个块大小为 2KByte。

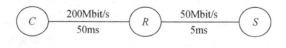

图 9-6　基本拓扑

1. 第一阶段:自适应训练

训练阶段主要是在路由器中收集下一个时间间隔内预测新的 PIT 增加数。根据时间尺度,有四种主要的预测类型,包括实时、短期、中期和长期[9]。预测样本不超过几秒,需要及时进行在线预测,所以采用实时预测。输入时间间隔的选择对预测性有重要影响,如少量的时间间隔提供的信息不足,而大量的时间间隔将增加不相关的输入特性的概率。根据经验,时间设置为 1s。由于网络拓扑上应用不同的配置设置,在应用性能指标上独立地运行实验 30 次,以评估所提出的训练方法。

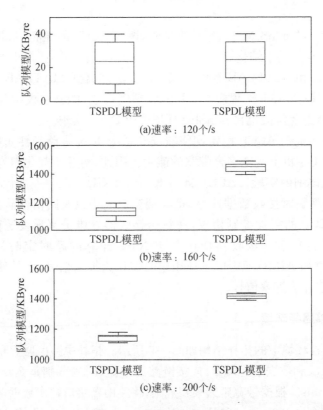

图 9-7　路由器队列长度

　　为验证预测方法对网络性能的影响,在接收端分别以 120,160,200 的速率发布兴趣包。图 9-7 显示了具有预测模型和不具有预测模型的路由器队列大小。图 9-7(a)显示以 120 个/s 的速率发布兴趣包时,预测算法嵌入网络中对路由节点的大小没有太大影响;在图 9-7(b)与图 9-7(c)中,拥有预测算法的路由大小基本上保持在 1100KByte,能够很好地控制路由器队列长度,提高了网络利用率。相反,没有加入预测算法使得路由队列出现溢出现象,影响了网络的传输性能。

2.第二阶段:拥塞避免

将 ACCP 与 ICP、CHoPCoP 进行对比,图 9-8(a)~(c)为单源单路径环境下的仿真结果,分别记录的是 50s 内瞬时接收数据速率,接收端窗口大小以及路由器队列长度随时间的变化。

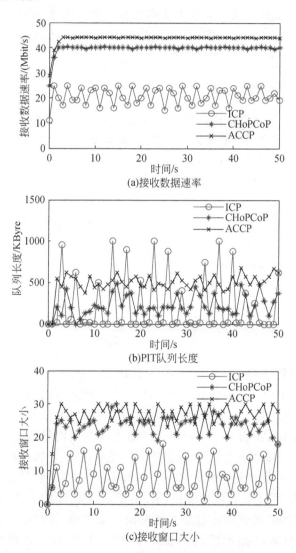

(a)接收数据速率

(b)PIT队列长度

(c)接收窗口大小

图 9-8　单源单路径环境下的仿真结果

图 9-8(a)为接收数据速率。由于主动控制,ACCP 的链路利用率可达近97%。而 ICP 和 CHoPCoP 由于启动缓慢和 AIMD 原则,链路利用率为 80%~

90%。由于 ACCP 的方差比 CHoPCoP 低 0.18，因此稳定性更好一些。图 9-8(b)为 PIT 队列长度。ACCP 通过预测方法提前了解网络的拥塞情况并通过显示拥塞信号快速地减少接收端的兴趣发送窗口，使得网络处于高效的运行状态。在 ICP 中，为了有效地使用带宽，接收器将尝试放大兴趣窗口，直到数据填满队列并开始丢弃。因此，有很多排队的数据包，容易造成网络拥塞。CHoPCoP 采用显式信号的方式通知发送端的发送速率，从而保证了队列的稳定性。图 9-8(c)为接收窗口大小，ACCP 的接收窗口值更平滑一些，平均值是 26.60，方差为 23.58。因此，其性能比 CHoPCoP 更好一些。

9.5.2 多源多路径环境

ICN 本质上支持动态多路径路由和转发。在 ICN 中，路由与转发平面是分离的，根据数据平面的交付性能调整转发策略，从而实现路由的多路径转发。本书设计了一个简单的多源多路径环境，详细的链路参数如图 9-9 所示。其中，R_1、R_2 为路由节点，S_1、S_2 为数据发送端，C_1、C_2 为数据接收端。

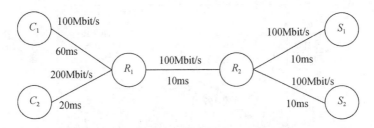

图 9-9　多路径拓扑

在多源多路径环境下，将 ACCP 与 ICP、CHoPCoP 进行对比，仿真结果如图 9-10(a)~(c)所示。与在单源单路径环境下一样，分析 50s 内网络中路由节点瞬时接收数据速率，接收端窗口大小以及路由器队列大小随时间的变化。

仿真结果表明，ACCP 与 CHoPCoP 都能充分利用网络容量，同时可以通过显示拥塞控制算法向接收方发出拥塞信号。但是通过图 9-10(a)，ACCP 的方差比 CHoPCoP 低 0.31，因此稳定性更好一些。由于单个 RTT 估计器无法预测多源环境中的网络拥塞，因此 ICP 的性能较低。由于 ACCP 与 CHoPCoP 能够主动地检测网络的拥塞情况并将这些信息显式地反馈给接收端，接收端通过调节兴趣包的发送速率控制网络的拥塞情况。在图 9-10(b)中，ACCP 比 CHoPCoP 高出 96.96%，主要是因为 ACCP 在进行拥塞避免阶段之前，先通过深度学习方法预测出网络的拥塞状态，从而能更早地向发送端提供网络的拥塞情况。对于图 9-10(c)，ICP 的窗口大小明显低于 ACCP 与 CHoPCoP，主要是因为为了有效地利用带宽，接收者会放大兴趣窗口直到数据填满队列才开始丢弃。因此，网络的性能较低。

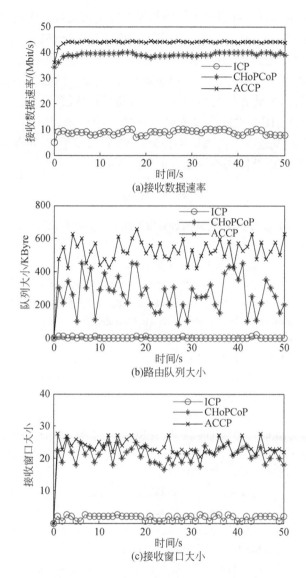

图 9-10　多源多路径环境下的仿真结果

在 CHoPCoP 中,路由器发回的显示拥塞信号可以更快地减少发送端兴趣的发送窗口。

9.6　小　　结

由于 ICN 的缓存与多路径特性,传统 TCP/IP 协议的隐式拥塞检测机制并不能很好地适用于 ICN。本章提出了一种基于深度学习的自适应拥塞控制算法。该算法分为两个阶段,第一阶段为自适应训练,通过 DBN 模型学习每一类时序数据低维特征,并通过低维特征训练 GCRBM 时序模型,最后预测路由节点中 PIT 在下一时刻队列的增加量;第二阶段为拥塞避免,通过第一阶段的预测数据计算加权平均兴趣队列长度,并将该值与本书设定的阈值进行比较,再将比较的信息封装到NACK 包中,最后使用显式拥塞检测机制向接收端通知具体拥塞状态,使得接收端可以主动调整其发送率。仿真结果验证,ACCP 与 ICP、CHoPCoP 相比,在链路利用率、分组丢弃率以及网络吞吐量方面性能更好一些。

参 考 文 献

[1] 尹浩,詹同宇,林闯. 多媒体网络:从内容分发网络到未来互联网[J]. 计算机学报,2012,35(6):1120-1130.

[2] Chao F,Yu F R,Tao H,et al. A survey of green information-centric networking:Research issues and challenges[J]. IEEE Communications Surveys & Tutorials,2015,17(3):1455-1472.

[3] Ahsan G E,Ahmed R,Boutaba R. URL forwarding for NAT traversal[C]//IFIP/IEEE International Symposium on Integrated Network Management,Ottawa,2015.

[4] Hinton G E,Osindero S,Teh Y W. A fast learning algorithm for deep belief nets [J]. Neural Computation,2014,18(7):1527-1554.

[5] Nichols K,Blake S,Baker F,et al. Definition of the differentiated services field(DS Field)in the IPv4 and IPv6 headers[EB/OL]. https://datatracker. ietf. org/doc/rfc2474/[2018-11-12].

[6] Taylor G,Hinton G E,Roweis S. Two distributed-state models for generating high-dimensional time series [J]. Journal of Machine Learning Research,2011,12(2):1025-1068.

[7] Yi C,Afanasyev A,Moiseenko I,et al. A case for stateful forwarding plane [J]. Computer Communications,2013,36(7):779-791.

[8] Afanasyev A,Moiseenko I,Zhang L X. ndnSIM:NDN simulator for NS-3[R]. Los Angeles:University of California,Los Angeles,2012.

[9] Ding X,Canu S,Denoeux T. Neural network based models for forecasting[C]//Applied decision Technologies Conference,Uxbridge,1995.

[10] Carofiglio G,Gallo M,Muscariello L. ICP:Design and evaluation of an interest control protocol for content-centric networking [C]//IEEE INFOCOM Workshops,Orlando,2012.

[11] Zhang F X,Zhang Y Y,Reznik A,et al. A transport protocol for content-centric networking with explicit congestion control[C]//International Conference on Computer Communication and Networks,Shanghai,2014.